LE

CHASSEUR MÉDECIN.

IMPRIMERIE DE H. FOURNIER,
RUE DE SEINE, n. 14.

LE CHASSEUR-MEDECIN,

OU

TRAITÉ COMPLET

SUR LES

MALADIES DU CHIEN,

A L'USAGE DES CHASSEURS, DES FERMIERS, DES BERGERS,
ET GÉNÉRALEMENT DE TOUTES LES PERSONNES QUI ONT DES CHIENS.

PAR FRANCIS CLATER,
Médecin-vétérinaire de Newark et de Redford.

TRADUIT DE L'ANGLAIS SUR LA 27e ÉDITION,

PAR MM. D. O. R.,
ANCIENS OFFICIERS DE CAVALERIE,
TRADUCTEURS DES OUVRAGES DE M. GOODWIN, ETC.

DEUXIÈME ÉDITION,
CORRIGÉE AVEC SOIN, ET AUGMENTÉE D'UNE MÉTHODE POUR DRESSER LES CHIENS DE CHASSE.

PARIS,
A LA LIBRAIRIE SCIENTIFIQUE-INDUSTRIELLE
DE L. MATHIAS (AUGUSTIN),
QUAI MALAQUAIS, N° 15.
1836.

EXTRAIT

DU CATALOGUE

DE

LA LIBRAIRIE DE L. MATHIAS,

Quai Malaquais, n° 15.

OUVRAGES NOUVELLEMENT PUBLIÉS.

Application des Principes de Mécanique aux Machines le plus en usage mues par l'eau, la vapeur, le vent et les animaux, et à diverses constructions; ouvrage qui fait connaître, dans chaque cas, la quantité de matières travaillées qui répond à une quantité d'action dépensée par le moteur ou par l'outil, et qui est destiné à guider les constructeurs dans les calculs relatifs à l'établissement de ces différentes usines; par A. TAFFE, capitaine d'artillerie. 1 vol. in-8°, avec planches. 7 fr. 50 c.

Traité théorique et pratique des Machines locomotives; ouvrage destiné à faire connaître le mode de construction, le jeu de ces machines,

a.

et leur emploi pour le transport des fardeaux; à donner le moyen de calculer, à vue de la machine, les vitesses auxquelles elle conduira des charges déterminées, et les services qu'elles pourront rendre en toute circonstance, etc.; par le chevalier F. M. Guyonneau de Pambour, ancien élève de l'École Polytechnique, ancien officier aux corps royaux d'artillerie et de l'état-major. 1 vol. in-8o, avec planches. 7 fr. 50 c.

Comptabilité commerciale, ou Cours théorique et pratique de la Tenue des Livres en partie double, enseigné aux élèves de l'École royale d'Arts et Métiers de Châlons-sur-Marne; par Mézières. 1 vol. in-8o, accompagné de tableaux in-folio. 7 fr.

Cet ouvrage est le résultat d'une longue expérience *théorique et pratique*; aussi se distingue-t-il par une grande lucidité, et est-il d'une concision telle que la théorie, ordinairement si longue, et rendue si vague par la foule de détails dont elle est obstruée, se trouve ici développée en 64 pages.

Théorie des Proportions chimiques, et Table synoptique des poids atomiques des corps simples et de leurs combinaisons les plus importantes; par É.-J. Berzélius; 2e édition, revue, corrigée et augmentée. 1 vol. in-8°. 8 fr.

L'art de l'Essayeur, par M. Chaudet, ex-essayeur des Monnaies de France. 1 vol. in-8°. 8 fr.

Sur la Fabrication du Sucre de Betteraves, traduit de l'allemand de Fréd. Kodweiss. Brochure in-8. 1 fr.

Tableau synoptique de nivellement et de calcul de Terrasses, relatif à la construction des Routes, Chemins, etc., mis à la portée de tous ceux qui s'occupent de travaux de ce genre; par Alexandre Rinjard, conducteur des Ponts-et-Chaussées. 1 feuille grand-raisin. 2 fr.

L'auteur présente ainsi son travail : Cahier à tenir sur le terrain, Profil longitudinal, Profils transversaux, Calcul des pentes, Calcul des cotes rouges, Nivellement, *Dessin coté* du profil longitudinal, — des profils transversaux; Calcul des points de passage, — de la distance horizontale; Rapport du nivellement, Profondeur longitudinale, Calcul des terrasses, Surfaces des profils, — Cube de terrassemens.

Abrégé de Géographie industrielle ; par Henri Richelot, professeur à l'Ecole primaire-supérieure de Nantes. 1 vol. in-8o. 4 fr. 50 c.

Chemins de fer, courbes à très petit rayon (système Laignel). Brochure in-8o. 2 fr.

Manuel de tréfilerie de fil de fer ; par Mignard-Billinge, chevalier de l'ordre royal de la Légion-d'Honneur, manufacturier-mécanicien à Belleville.

Cet ouvrage, utile aux propriétaires, entrepreneurs de tous genres d'industrie, fait connaître : 1o la conversion des anciennes mesures avec les nouvelles; 2o le poids des fils de fer, tréfilés et autres, d'après leurs forces ou dimensions. 2e édition, revue et augmentée. 1 vol. in-18, avec 2 planches. 3 fr. 50 c.

Manuel des placemens industriels. Cet ouvrage, devant servir de guide aux capitalistes, rentiers, et à tous ceux qui cherchent dans l'industrie un accroissement à leurs revenus, contient un exposé des progrès de l'industrie depuis vingt ans; un examen de diverses formes de sociétés industrielles ; un coup d'œil raisonné sur les parts d'intérêts ou actions, leurs formes et leur négociation.

Il embrasse, dans une série de chapitres distincts, les canaux et les ponts, les chemins de fer, les voitures omnibus, les messageries et les bateaux à vapeur, les compagnies d'assurances de tous genres, les distributions d'eaux, l'éclairage par le gaz, les déssèchemens, les salines, les sucreries, papeteries, fabriques, etc., dont les actions se négocient sur la place.

Il indique les classes principales des actes de société de ces différentes entreprises, les époques des paiemens des intérêts ou dividendes, les assemblées générales, les bénéfices obtenus jusqu'à ce jour et les cours variés des actions.

Ce recueil est suivi d'avis et conseils utiles aux intéressés sur les diverses chances que présentent les placemens industriels ; la conduite à tenir et les démarches à faire pour en tirer un plus grand profit. 1 vol. in-12. 4 fr.

Traité complet des Propriétés, de la préparation et de l'emploi des Matières tinctoriales et des Couleurs; par J.-C. Leuchs. Traduit de l'allemand ;

revu, pour la partie chimique, par M. E. Péclet, professeur de physique à l'École centrale des Arts et Manufactures; 2 vol. in-8°. 18 fr.

Chaque volume se vend séparément.

Le premier volume, Matières tinctoriales. 9 fr.

Le deuxième volume, Fabrication des Couleurs. 9 fr.

Traité de l'Éclairage, par E. Péclet, ex professeur des sciences physiques au collége royal de Marseille, et de chimie appliquée aux arts, membre de plusieurs Sociétés savantes; 1 vol. in-8° avec planches 8 fr. 50 c.

Traité de la Chaleur et de ses applications aux Arts et aux Manufactures, par E. Péclet; 2 vol. in-8 avec atlas. 21 fr.

Histoire descriptive de la filature et du tissage du Coton, ou Description des divers Procédés et Machines employés jusqu'à ce jour pour égrener, battre, carder, étirer, filer et tisser le coton, ourdir et parer les chaînes, et flamber les étoffes; traduit de l'anglais par M. Maiseau, traducteur des Manipulations chimiques de Faraday ; 1 vol. in-8° avec atlas. 15 fr.

Cours d'éloquence, à l'usage des jeunes gens qui se destinent au barreau ou à la tribune nationale, professé publiquement dans la salle de la Société des Arts, à Genève, et dans celle de l'Académie provinciale, à Lyon ; par Ch. Durand, ancien procureur du roi ; 2 vol. in-8°. 14 fr.

Manuel du Créancier hypothécaire, par M. Zanolle ; 1 vol. in-18. 3 fr.

Traité des Bois et Forêts, faisant suite au Traité de la Culture rurale ; par E. Delpierre ; 1 vol. in-18. avec planches. 2 fr. 50 c.

Guide du Chauffeur et du Propriétaire des Machines à Vapeur, ou Essai sur l'établissement, la conduite et l'entretien des Machines à Vapeur, et principalement de celles dites de Wolf, à moyenne pression ; précédé des Principes pratiques sur la Construction des Fourneaux ; par Grouvelle et Jaunez, ingénieurs civils ; 1 fort vol. in-8°, 10 planches gravées par M. Leblanc. 9 f.

Guide du Meunier et du Constructeur de Moulins, par Olivier Evans, avec notes et additions du professeur de mécanique à l'Institut de Franklin en Pensylvanie, et suivi de la Description d'une Minoterie perfectionnée ; traduit sur la 5e édition, et augmenté de la Description du bel Etablissement de M. Benoist de Saint-Denis, par P. Benoit, ingénieur civil, ancien élève de l'Ecole polytechnique, membre de plusieurs Sociétés savantes; 1 fort vol. in-8o, orné de 15 planches 10 fr.

Répertoire polyglotte de la Marine, à l'usage des Navigateurs et Armateurs; contenant, par ordre alphabétique, tous les termes de la marine, leur explication raisonnée, et les méthodes à employer pour résoudre les questions d'astronomie, de statique et de physique, relatives à l'art de la marine; suivi de cinq Vocabulaires de termes techniques, en allemand, anglais, espagnol, italien et portugais; par le comte de Grandpré, capitaine de vaisseau; 2 forts vol. in-8o de 760 pages chacun. 20 fr.

Manipulations chimiques, par Faraday, professeur de chimie à l'Institut royal de Londres; traduit de l'anglais par Maiseau, et revu, pour la partie technique, par M. Bussy, professeur à l'École de

Pharmacie de Paris et à l'École centrale des Arts et Manufactures, etc.; 2 vol. in-8°, ornés de 200 figures. 14 fr.

Traité sur l'art de faire de bons mortiers, et d'en bien diriger l'emploi, ou Méthode générale pratique pour fabriquer en tout pays la chaux, les cimens et les mortiers les meilleurs et les plus économiques; par RAUCOURT de Charleville, ingénieur des ponts-et-chaussées; 1 vol. in-8., orné de deux planches gravées. 7 fr. 50 c.

Art de chauffer, ou Traité des moyens de mettre à profit la chaleur qui émane des appareils de chauffage; par P. HAMON, architecte; 1 vol. in-8°, orné de 7 planches gravées. 8 fr. 50 c.

Journal des ateliers de Tourneur, de Mécanicien, de Serrurier, de Menuisier, d'Ébéniste, d'Horloger, de Charpentier, de Charron, etc.; par M. A. Paulin Désormeaux, auteur de l'*Art du Tourneur*, de l'*Art du Menuisier*, etc., etc. 1re année; 1 vol. in-8, avec beaucoup de planches. 7 fr.

Il reste fort peu d'exemplaires de ce premier volume, qui a été publié en 1830, et qui sera incessamment complété par le Résumé des travaux des ateliers pendant les années 1831, 32, 33, 34 et 35.

L'Art de l'Horlogerie enseigné en 30 Leçons, ou Manuel complet de l'Horloger et de l'Amateur, d'après Bertoud et les travaux de Wuillamy; ouvrage contenant les principes de l'Art mis à la portée des apprentis, la théorie détaillée des échappemens, des méthodes à l'usage des simples amateurs pour régler les montres et les pendules; un Traité de rhabillage; mis en ordre et augmenté de toutes les découvertes modernes par un ancien élève de Breguet. 1 très fort vol. in-12, avec beaucoup de planches. 12 fr.

Manuel théorique et pratique de l'Estimateur des forêts, par Noirot-Bonnet, géomètre forestier. 1 vol. in-8. 5 fr.

Traité de la Culture des forêts, ou de l'Application des Sciences agricoles et industrielles à l'économie forestière, avec des Recherches sur la valeur des biens fonds et des bois, depuis le XIIIe siècle jusqu'à nos jours, par M. Noirot. 1 vol. in-8. 6 fr.

PRÉFACE

DES TRADUCTEURS.

L'accueil favorable fait à la première édition de ce petit traité, épuisée en très peu de temps, quoique tirée à un grand nombre d'exemplaires, nous a engagé à en publier une seconde que nous avons revue avec soin.

Toutes les formules médicamentaires ont été l'objet d'un nouvel examen de la part d'un artiste expérimenté, elles ont subi de nombreuses modifications qui les ont mises en rapport avec les progrès de la science vétérinaire.

Nous avons cru faire plaisir au public en ajoutant à cette nouvelle édition un chapitre spécial concernant l'art de dresser les chiens à la chasse, cet exercice intéressant aussi, à un haut degré, leur santé, tout en utilisant leur instinct.

Nous ne chercherons pas à faire une description brillante et détaillée des qualités intérieures du chien, ni à prouver son utilité : la peinture intéressante qu'en a tracée Buffon est connue de tout le monde ; nous ne pourrions rien y ajouter qui pût augmenter l'intérêt et même l'attachement que mérite de notre part ce fidèle compagnon de nos plaisirs et de nos fatigues, l'ami de notre enfance, et souvent notre intrépide défenseur.

Cependant nous ne pouvons disconvenir que, malgré les nombreux services qu'il nous rend, nous ne nous soyons jusqu'à présent montrés, en quelque sorte, ingrats envers lui. Si nous n'avons pas vu ses maux avec indifférence, nous nous sommes du moins trouvés inhabiles à les soulager; nous le voyons souffrir sous nos yeux sans pouvoir le secourir. N'est-ce pas là une coupable négligence, de l'ingratitude? les mahométans sont plus reconnaissans; ils ont des hôpitaux pour les chiens, et leur font des pensions. En France, personne jusqu'ici ne s'est occupé des maladies auxquelles ce précieux animal est sujet, aussi bien que toutes les espèces de la création. La médecine, pour répondre à nos spéculations intéressées, a cherché et trouvé des remèdes propres à la conservation des autres animaux domestiques; les souffrances du chien seul, qui ne sait qu'aimer son maître et mourir pour lui, n'ont point éveillé notre sensibilité, et la médecine y est restée à peu près indifférente ; pourtant elle a fait de cet animal l'objet de ses études anatomiques et de ses expériences chirurgicales depuis plusieurs siècles.

Nous n'avons, en effet, sur les maladies du chien que quelques documens superficiels, jetés accessoirement dans des ouvrages de vénerie, ouvrages d'ailleurs rares et connus seulement des gens employés dans les équipages de grandes chasses. C'est donc remplir une lacune dans cette partie de la science vétérinaire, que d'offrir au public un traité sur cette matière.

Celui dont nous donnons aujourd'hui la traduction est de M. Francis Clater, vétérinaire anglais des plus distingués, qui a acquis, par une pratique de plus de quarante années, une expérience consommée et une grande réputation. Il a été publié récemment à la suite d'un ouvrage sur les chevaux, qui a obtenu, en Angleterre, un succès immense, prouvé par vingt-huit éditions consécutives.

Ce traité contient tout ce qu'il est

indispensable aux chasseurs, fermiers, bergers, et généralement à toutes les personnes qui ont des chiens, de connaître relativement aux maladies de cette espèce d'animaux. L'auteur en décrit avec concision et clarté les causes prochaines et immédiates, les symptômes et la marche caractéristiques, en écartant toutes les expressions techniques qui ont l'inconvénient de n'être pas entendues de tout le monde, et il enseigne à chacun, dans des instructions méthodiques et suivies sur le traitement régulier de chaque maladie, ce qu'il y a à faire dans tous les cas et dans tous les instans. Il met ainsi chacun en état de traiter soi-même ses chiens. Nous devons cependant dire que ce livre, quoique complet, ne remplit pas à la lettre tous les titres donnés par nos veneurs à différentes affections peu importantes, surtout en ce qui concerne celles externes. Nous y avons suppléé, dans un appendice placé à la suite de l'ouvrage, en rapportant ce que nous avons trouvé de mieux dans les divers auteurs qui ont traité ces sujets.

Nous avons cru aussi qu'une courte notice sur la gestation des lices, les soins à leur donner dans cet état et quand elles mettent bas, ceux qu'exigent les petits, la durée de la vie et la manière de connaître l'âge du chien, etc., ne serait pas déplacée à la tête d'un ouvrage de ce genre. Nous avons tiré ces instructions, ainsi que les supplémens contenus dans l'appendice, en grande partie, de *Buffon*, du *Dictionnaire d'agriculture*, de l'*Encylopédie*, des *Instructions et observations sur les maladies des animaux domestiques*, et de l'ouvrage de M. *Desgraviers*.

AVANT-PROPOS.

Il est essentiel, pour avoir de beaux et bons chiens, de choisir les mâles et les femelles parmi les individus les plus parfaits de leur race, tant au physique qu'au moral, parce qu'ils conservent l'empreinte de leur origine jusqu'à la septième génération.

C'est à neuf ou dix mois que les chiens commencent à être en état d'engendrer; les mâles y sont aptes en tout temps; mais les femelles ont des momens marqués qui durent dix, douze et quelquefois quinze jours. Ces momens, qu'on nomme *chaleur*, ont ordinairement lieu deux fois par an, en février et en août, mais plus fréquemment en hiver qu'en été. La *chaleur* se marque par des signes extérieurs; les parties de la génération sont humides, gonflées et proéminentes au dehors; il y a un petit écoulement de sang tant que dure cette ardeur; le mâle sent de loin la femelle dans cet état, et la recherche; mais ordinairement elle ne se livre que six ou sept jours après qu'elle a commencé à entrer en chaleur. On a reconnu qu'un seul accouplement suffit pour qu'elle conçoive, même en grand nombre; cependant, lorsqu'on la laisse en liberté, elle s'accouple plusieurs fois par jour avec tous les chiens qui se présentent; on observe seulement qu'elle préfère les plus gros mâles, quelque laids et disproportionnés qu'ils soient : aussi de petites chiennes qui ont reçu des mâtins périssent assez souvent en faisant leurs petits.

Les lices portent neuf semaines, c'est-à-dire soixante-trois jours, quelquefois soixante-deux ou soixante et un, et jamais moins de soixante; elles produisent six, sept et quelquefois jusqu'à douze petits; celles qui sont d'une forte taille en produisent un plus grand nombre que les petites, qui souvent ne font que quatre ou cinq et parfois un ou deux petits, surtout dans les premières portées, qui sont toujours moins nombreuses que les autres dans tous les animaux. Pendant la gestation, il faut les traiter avec beaucoup de douceur, et leur donner une nourriture abondante (toutefois après les avoir tenues au pain pendant trois semaines, la mouée (1) pouvant les faire couler). Au terme de la gestation, elles sont sujettes à rendre des amas glaireux qui en imposent sur la véritable fécondité, parce que fréquemment elles coulent. Elles ont aussi cela de par-

(1) Pâture consistant en tripes, pieds, sang, mêlés de farine et de lait, qu'on prépare pour les chiens dans les chenils.

ticulier, qu'elles ont du lait et éprouvent une certaine anxiété à l'époque où elles auraient mis bas, lors même qu'elles n'ont pas été fécondées. Il est quelquefois nécessaire d'aider les lices lorsqu'elles sont en travail, en dilatant avec les doigts l'ouverture de la matrice qui offre trop de résistance. On doit, autant que possible, prévenir cet état, qui arrive fréquemment chez les jeunes et vigoureuses lices, par la saignée, les bains et les injections émollientes, comme on peut exciter le travail des vieilles par les frictions sèches autour du ventre, et l'usage de quelques cuillerées de vin et de thériaque. On dispose pour leur accouchement un lit de foin dans un lieu obscur où elles puissent être tranquilles ; il faut cependant que ce lieu ne soit point humide, parce que les petits élevés dans ces sortes d'endroits sont exposés à avoir l'onglet.

Si l'on ne veut pas élever de jeunes chiens, il faut, aussitôt que la lice a mis bas, les jeter tous, et frotter pendant plusieurs jours, soir et matin, ses brêmes avec de la terre franche délayée dans du vinaigre. Si la lice est jeune et vive, et qu'on ait lieu de craindre l'irritation et par suite les dépôts laiteux, on frottera deux fois le jour les mêmes parties avec la décoction d'une tête de pavot dans une pinte d'eau ; l'on pourra même y appliquer des compresses imbibées de cette liqueur, si les accidens sont pressans, et que la guérison soit difficile. Dans tous les cas, on fera bien de tenir la lice chaudement, et de ne la faire chasser que quand l'engorgement sera en partie dissous.

Les chiens, au moment de leur naissance, ne sont pas encore entièrement achevés. Ils ont communément les yeux fermés ; les deux paupières ne sont pas simplement collées, mais adhérentes par une membrane qui se déchire lorsque le muscle de la paupière supérieure est devenu assez fort pour la relever et vaincre cet obstacle ; la plupart des chiens n'ont les yeux ouverts qu'au dixième ou douzième jour. Dans ce même temps, les os du crâne ne sont pas achevés, le corps est bouffi, le museau gonflé, et leur forme n'est pas encore bien dessinée; mais en moins d'un mois ils apprennent à faire usage de tous leurs sens; ils grandissent ensuite jusqu'à neuf, et depuis ce temps jusqu'à quinze ils ne font qu'épaissir et prendre de la force. Au quatrième mois, ils perdent quelques-unes de leurs dents, qui, comme dans les autres animaux, sont bientôt remplacées par d'autres qui ne tombent plus : à cinq ou six mois, ils ont leurs dents toutes venues, et leurs crocs percent (les lices pour l'ordinaire les prennent plus tôt que les chiens). Ils ont en tout quarante-deux dents, six incisives en haut et six en bas, quatorze mâchelières en haut et douze en bas; mais cela n'est pas constant, il se trouve des chiens qui ont plus ou moins de dents mâchelières. Dans ce premier temps aussi les mâles comme les femelles s'accroupissent un peu pour pisser; ce n'est qu'à neuf ou dix mois que les mâles et quelquefois même les femelles commencent à lever la cuisse.

L'allaitement dure deux à trois mois, mais peut être suspendu plus tôt sans inconvéniens, en donnant aux petits une bouillie claire et mêlée de lait. On les sèvre petit à petit de jour et ensuite de nuit. Si le changement de nourriture fait pousser de petits boutons, on les frottera avec un onguent composé d'huile de noix ou de navette et de deux ou trois pincées de fleur de soufre. On les tient enfermés trois jours, qui suffisent pour leur guérison.

L'attachement des lices pour leurs petits est très vif. Souvent même elles ne reconnaissent plus leur maître, et deviennent furieuses à l'approche de tous les hommes et de tous les animaux. Cependant quelques-unes les mangent en naissant, principalement celles qui ont reçu un mâle d'une variété fort éloignée de la leur : par exemple, une levrette qui met au monde des demi-barbets, ou une barbette qui met au monde des demi-chiens loups.

Si l'on veut avoir des chiens de forte stature, il est nécessaire de donner une nourriture surabondante à la mère lorsqu'elle allaite, et de ne lui laisser qu'un ou deux petits. Il est encore plus indispensable de nourrir ces petits largement pendant tout le temps de leur croissance, c'est-à-dire pendant la première année presque entière, parce que c'est de là, autant que de leur constitution originelle, que dépend leur grosseur. Un traitement doux et la société des hommes influent beaucoup sur leur caractère : ainsi il faut veiller à ce qu'on ne les tourmente pas.

On empêche, dit-on, les jeunes chiens de parvenir à toute la grosseur de leur race en les frottant journellement d'alcool, qui durcit leur peau et ne lui permet pas de se distendre.

Un préjugé absurde a fait croire

que les chiens avaient au bout de la queue un ver qui la rongeait; en conséquence tous les livres recommandent de couper ce bout quinze jours après leur naissance.

D'autres préjugés, fondés sur les idées du vrai beau, ont de plus condamné ces pauvres bêtes à avoir la queue et les oreilles coupées ras du corps. Il n'y a que la barbarie et le défaut de goût qui puissent ainsi commander leur martyre et leur dégradation.

La castration qu'on leur fait aussi subir n'a d'autre avantage que d'adoucir leur caractère lorsqu'ils sont méchans. C'est une opération qui les rend lourds et incapables d'attachement.

La vie du chien est ordinairement bornée à douze ou quinze ans, quoiqu'on en ait vu arriver jusqu'à vingt; mais cela est rare. La durée de la vie est dans le chien, comme dans les autres animaux, proportionnelle au temps de l'accroissement. On reconnaît son âge aux dents, qui, dans la jeunesse, sont blanches, tranchantes et pointues, et aux dentelures ou fleurs de lis qui se trouvent au bas de toutes celles de devant; à deux ans, la fleur de lis s'efface aux incisives ou pinces, à trois aux deux mitoyennes, et à quatre le chien ne marque plus; à cinq ans, les lobes des dents incisives ont complètement disparu. Ensuite, à mesure que le chien vieillit, les dents deviennent jaunes, mousses et inégales, le poil blanchit sur le museau, sur le front et autour des yeux.

LE CHASSEUR

MÉDECIN.

OBSERVATIONS

PRÉLIMINAIRES

SUR LES MALADIES DU CHIEN.

On s'est peu occupé jusqu'à ce jour des maladies qui attaquent les chiens, et, en général, les remèdes qu'on leur administre sont ou inefficaces ou pernicieux. Cet état de choses peut être attribué à l'absence de tout guide qui pût servir à diriger les individus qui se livrent à l'examen de cette matière, dans leurs recherches sur la nature et le siége des différentes maladies, et sur les remèdes qui y sont applicables. Le court traité que je donne ici est le fruit d'une longue expérience suivie des plus heureux succès dans la médecine des animaux. J'ai la confiance qu'il sera utile à tous ceux qui s'intéressent au bien-être de ces fidèles et précieux animaux, en leur indiquant des règles plus sûres pour traiter les diverses maladies auxquelles ils sont sujets. Les maladies des chiens sont peu nombreuses, et leurs caractères ne sont pas difficiles à distinguer, lorsqu'on fait attention aux symptômes qui leur sont propres : en effet, chacune d'elles a ses symptômes particuliers, suivant la partie ou les parties du corps qui sont affectées. Par exemple, nous savons qu'un chien est atteint de *la maladie*, proprement dite, lorsque nous le voyons dépérir et attaqué de toux avec écoulement aux yeux et au nez ; de même, lorsque ces symptômes sont accompagnés de la diarrhée, nous concevons facilement que la maladie se complique par la dyssenterie. Tel était le caractère de l'épidémie survenue dans les chenils en 1823. Je fis usage, à cette époque, de l'émétique, préparé comme il est indiqué au N° 16, page 44. Je fis ensuite avaler à chaque animal, dans un peu de gruau froid, de trois à quatre gros de teinture de benjoin, selon la taille et la force de chacun, deux fois par jour, jusqu'à ce qu'il fût mieux. Ce traitement a été suivi d'un plein succès. On a parfois l'habitude, avant et pendant la saison de la chasse, de nourrir les chiens avec de la chair, afin de les rendre plus agiles et de leur donner plus de vigueur pour soutenir long-temps cet exercice; mais une telle nourriture contribue à développer leurs dispositions à avoir des chancres dans les oreilles et sur les côtés extérieurs de ces parties, ainsi qu'à produire la gale et des maladies inflammatoires. Ces maladies seraient moins fréquentes, si, après la saison de la chasse, les chiens étaient purgés et entretenus dans un exercice régulier, et surtout si, en diminuant la quantité de nourriture substantielle qu'on leur donne, on augmentait celle d'une pâture végétale en proportion de leurs fatigues et de l'état de leur corps. Une autre cause de maladie est de les tenir renfermés et de leur donner en même temps une nourriture trop succulente. Ceux qui sont soumis à un semblable régime acquièrent ordinairement une surabondance de graisse qui occasione une gène plus ou moins grande dans la respiration. Ils sont aussi particulièrement disposés aux affections morbides du foie, et lorsqu'ils se trouvent soudainement exposés au froid et à l'humidité, ils sont très sujets à être attaqués de maladies inflammatoires. Une nourriture trop légère et disproportionnée aux exercices qu'on exige d'eux leur est également très préjudiciable ; car il en résulte une débilité générale dans tout le système organique, qui détruit leur énergie et produit des affections cutanées. Pour éviter ces deux excès également dangereux, il est nécessaire de leur préparer une nourriture quelque peu solide. Si l'on donne, par exemple, à un chien autant de fort bouillon qu'il voudra en prendre, il périra infailliblement : au contraire, un autre chien qui n'aura pour aliment que la viande dont le bouillon aura été extrait, se portera bien, quoique les sucs aient été exprimés jusqu'à la dessiccation complète de la viande. L'exercice, des chenils propres et bien aérés, et une nourriture en même temps substantielle et végétale, donnée suivant la nature de l'exercice que prend l'animal, ainsi que les médecines administrées de temps en temps, sont des choses absolument nécessaires pour conserver les chiens en santé et vigueur. Il est à propos de prévenir ici que toutes les recettes recommandées dans ce traité sont calculées pour les chiens de moyenne taille ; par conséquent leur quantité peut être diminuée ou augmentée selon les circonstances.

CHAPITRE PREMIER.

De la manière de saigner les chiens.

1. On a pour habitude, dans les chenils, de nourrir les chiens avec des alimens trop substantiels, tels que des viandes crues, etc. Cette nourriture leur donne un embonpoint qui les rend lourds, indolens, et leur cause des maladies cutanées. Il en est de même des lévriers, des chiens d'arrêt, et autres, qu'une nourriture trop abondante rend impropres aux exercices de la chasse. Il est donc indispensable, quinze jours ou trois

semaines avant la saison de la chasse, de les saigner et de leur faire prendre, dans la matinée du lendemain de la saignée, des pilules purgatives indiquées aux numéros 1 et 2, p. 15. Lorsque les affections sont légères, une ou deux pilules suffisent pour détruire en grande partie les inflammations dont ils sont atteints, et les rendre plus agiles et plus en état de supporter les fatigues. La quantité de sang à leur tirer doit être de quatre onces ou de cinq à huit, suivant leur taille et leur force.

II. C'est principalement dans les maladies inflammatoires que la saignée est urgente chez ces animaux, comme, par exemple, dans les inflammations des poumons, de l'estomac, des intestins, et autres affections signalées dans le cours de ce traité. On a déterminé, à l'article de chaque maladie, la quantité de sang qu'il faut tirer.

III. Les maladies inflammatoires se font connaître par les symptômes dont elles sont accompagnées ; mais il faut apporter la plus scrupuleuse attention à leur examen pour en différencier les caractères : par exemple, dans les inflammations des poumons, les chiens montrent beaucoup d'abattement et de souffrance ; ils portent la tête haute, et sont toujours haletans par la difficulté qu'ils éprouvent dans la respiration. Ces symptômes ne laissent aucun doute sur la nature et le siége de l'affection. Lorsque l'inflammation est fixée dans l'estomac, l'animal fait constamment des efforts pour vomir, et rejette la nourriture aussitôt qu'il l'a prise : ce sont les indices certains de l'irritation de l'estomac. C'est donc par les symptômes que nous devons chercher à nous assurer de la nature du mal dès que le chien paraît indisposé. On ne peut apporter trop d'attention à cette investigation.

IV. On saigne communément les chiens à la veine jugulaire par le moyen de la lancette ordinaire. Pour faire gonfler la veine et la rendre plus visible et plus palpable, on a soin de serrer la partie du cou la plus rapprochée des épaules, avec une forte ficelle ou avec un ruban, et bientôt elle se montre gonflée au-dessus de la ligature, à un pouce de la trachée-artère, des deux côtés du cou. On l'ouvre alors, avec le secours d'une personne qui tient la tête du chien élevée, ce qui, donnant de la tension au cou, développe plus évidemment la veine, et donne plus de facilité pour la piquer. Lorsqu'on a tiré une quantité suffisante de sang, on ôte la ligature pour arrêter la saignée, et l'opération se termine là. Qelquefois la ligature ne suffit pas pour faire enfler la veine ; alors elle est moins sensible au toucher, et le sang sort avec moins d'abondance. En pareil cas, on presse la veine avec le pouce de la main gauche jusqu'à ce qu'on ait obtenu une quantité de sang suffisante. Beaucoup de chasseurs ne font aucune ligature autour du cou du chien en le saignant, mais pressent avec quelque force la veine jugulaire avec le pouce gauche pour la faire gonfler, et la piquent avec la lancette qu'ils tiennent de la main droite, immédiatement au-dessus du pouce; ils continuent de la presser jusqu'à ce qu'elle ait fourni une quantité satisfaisante de sang. On se fait ordinairement aider par quelqu'un pour tenir la tête du chien haute, comme je l'ai dit ci-dessus. Si le chien a beaucoup de poils, on les sépare avec les doigts, ou bien on les coupe dans la partie où est située la veine.

V. On saigne quelquefois l'animal en lui coupant un petit bout de la queue, ou en faisant une incision, avec la lancette, au côté interne du pavillon de l'oreille ;

mais cette manière de saigner est aujourd'hui peu suivie. Il est bon d'observer qu'en général on ne doit saigner un chien que dix ou douze heures après qu'il a mangé.

CHAPITRE II.

De la manière de médicamenter les chiens.

I. Il est nécessaire de purger les chiens avant la saison de la chasse, afin de détruire chez eux l'état d'inertie qu'une nourriture trop abondante leur a fait contracter, et de les rendre plus agiles et plus forts dans les chasses. Je dirai même que, sans cette précaution, ils seraient impropres à ces exercices. Il est indispensable également de médicamenter toutes les espèces de chiens, au moins une fois par an, ceux surtout que l'on tient enfermés et qui sont nourris de chair. Les pilules purgatives indiquées aux numéros 2 et 3, page 15, produiront un effet salutaire sur les chiens qui ont beaucoup d'embonpoint, qui sont atteints d'une toux rebelle, dont la respiration est difficile, et que le moindre exercice met hors d'haleine. On doit leur administrer ces pilules à trois ou quatre reprises, et toutes les trois nuits. Ces mêmes pilules seront encore très utiles aux chiens sujets aux crampes dans les membres, ou à ceux qui ont de légers accès épileptiques; elles produiront également un très bon effet chez ceux de ces animaux qui ont des vers, chez ceux qui refusent la nourriture, qui éprouvent un dépérissement graduel dans leur économie, et qui manifestent de la tristesse. Quelques personnes purgent leurs chiens en leur faisant prendre deux ou quatre cuillerées à bouche de sirop de nerprun, ou une pareille quantité d'huile de castor. Ces médicamens agissent très bien comme purgatifs ordinaires. Quant à moi, j'en fais rarement usage. Voici la formule des pilules purgatives telles que je les prépare.

(Recette N° 1.)

Prenez : Jalap en poudre, un scrupule;
Aloès soccotrin, un gros;
Gingembre en poudre, dix grains;
Conserve de cynorrhodon, *ou*
Sirop du même, en suffisante quantité pour faire du tout une pilule.

(Recette N° 2.)

Pilule purgative composée de jalap et de calomel.

Prenez : Jalap en poudre, deux scrupules;
Calomel, six grains;
Conserve de fruit d'églantier, *ou*
Sirop du même, en quantité suffisante pour une pilule.

(Recette N° 3.)

Pilule purgative d'aloès et de calomel.

Prenez : Aloès, un gros.

Calomel, six grains,
Gingembre en poudre, dix grains,
Conserve de cynorrhodon, *ou*
Sirop du même, ce qu'il en faudra pour une pilule.

II. Ces pilules sont préparées pour les chiens de moyenne taille. La quantité d'aloès et de jalap indiquée dans ces différentes recettes, doit augmenter ou diminuer, selon qu'on le jugera convenable. Le calomel doit être réduit à trois ou à quatre grains pour les chiens de petite taille et d'une constitution délicate; mais il ne faut jamais augmenter la dose de calomel prescrite ci-dessus. Les pilules qui ont quelque odeur doivent être bien enveloppées dans du papier mince, avant de les administrer.

Manière d'administrer les médecines aux chiens.

III. Quand on veut faire prendre une

pilule ou une médecine liquide à un chien, on doit le tenir droit entre les genoux, le dos en dedans des jambes, après lui avoir lié les jambes de devant avec un mouchoir ou une serviette que l'on noue par derrière. Ces précautions prises, on ouvre la gueule de l'animal en pressant la lèvre supérieure avec le pouce et l'index d'une main, et avec l'autre on introduit le remède dans le gosier jusqu'au-delà de la langue; on retire ensuite la main lestement, et on lui referme la gueule en lui tenant la tête élevée jusqu'à ce qu'il l'ait avalé.

CHAPITRE III.

Inflammation des poumons.

I. Cette maladie n'est pas rare chez les chiens ; on la reconnaît aux symptômes suivans. L'animal manifeste beaucoup de souffrance et tient la tête en l'air ; il est continuellement haletant et éprouve une grande gène à respirer. Cette affection est toujours accompagnée d'une toux légère.

II. Elle provient ordinairement des imprudentes exigences du maître qui les fait aller à l'eau en hiver, ou quand ils sont fatigués et échauffés. Les transitions subites du chaud au froid, surtout lorsqu'étant d'une race à longs poils ils ont été tondus pendant les rigueurs de cette saison, en sont des causes très fréquentes. Cette maladie leur devient souvent fatale, en ce que l'inflammation, en se propageant, se termine par la fusion du fluide aqüeux et séreux dans la cavité ou substance des poumons, ce qui amène la suffocation de l'animal.

III. Pour arrêter les progrès de l'inflammation, et prévenir, s'il est possible, l'imminence de ses dangers, il faut saigner l'animal dès qu'on s'aperçoit de l'existence du mal. S'il est de médiocre grandeur, il faut lui tirer huit à dix onces de sang à la veine du cou; s'il est de haute taille, on peut en tirer de dix à quatorze, suivant sa force et la violence des symptômes. On renouvellera la saignée au bout de cinq à six heures si la respiration est difficile. Immédiatement après la saignée, on emploiera le liniment vésicatoire suivant, avec lequel on frictionnera pendant un quart d'heure la partie située entre les jambes de devant et les côtés du coffre. On répétera cette opération trois ou quatre fois par jour, pendant les deux ou trois premiers jours.

(RECETTE N° 4.)

Liniment vésicatoire.

Prenez : Cantharides en poudre fine, une demi-once ;
Basilicon jaune, deux onces,
Huile de térébenthine, une once.
Mêlez le tout ensemble pour l'usage.

IV. Après la friction, on lui fera prendre la pilule suivante aussitôt qu'il aura été possible de la préparer, et on en continuera l'usage pendant trois ou quatre jours, une fois chaque jour ou plus souvent, s'il est nécessaire. Elle le purgera et augmentera la transpiration insensible

Si le ventre est assez libre après la première pilule, on supprimera le jalap, etc.

(RECETTE N° 5.)

Pilule pour l'inflammation des poumons.

Prenez : Six grains de calomel, ou bien six grains de sulfure d'antimoine ;
Jalap en poudre, vingt à quarante grains (suivant la taille et la force) ;
Sirop, ce qu'il en faut pour une pilule.

V. Dans cette maladie comme dans toutes les maladies inflammatoires, le chien doit être tenu dans un lieu dont la température soit douce : il faut le laisser libre et dégagé de toutes entraves, lui dréparer une nourriture consistant principalement en une bouillie de farine ou blé moulu, ou bien en bouillon. On peut même lui donner de la viande en petite quantité.

CHAPITRE IV.

Inflammation de l'estomac.

I. Lorsque l'estomac est enflammé, le chien fait des efforts continuels pour vomir, paraît très souffrant et rend tout ce qu'il prend ; il éprouve aussi une grande soif.

II. Il est rare que cette maladie soit chez les chiens une affection première ; elle vient presque toujours de l'affection des intestins dont l'irritation s'étend jusqu'à l'estomac, ce qui occasione les symptômes que je viens de décrire.

III. On commencera par une saignée de six à dix onces, que l'on pourra réitérer, dans l'espace de six à huit heures, si les symptômes ne diminuent pas d'une manière sensible. Après la saignée, on excitera des vésicules sur le ventre au moyen de l'huile vésicatoire que voici :

(RECETTE N° 6.)

Huile vésicatoire.

Prenez : Poudre fine de cantharides, une demi-once ;
Huile d'olive, deux onces ;
Huile de térébenthine, une once.

Mélangez le tout, et frottez-en le ventre pendant à peu près dix minutes, trois ou quatre fois par jour, jusqu'à ce que le chien soit mieux.

Administrez ensuite le lavement suivant :

(RECETTE N° 7.)

Prenez : Bouillon ou eau tiède, une pinte ;
Sel d'epsom, deux onces ;
Huile de graine de lin, une once.

Faites dissoudre le sel dans le bouillon ou dans l'eau, ajoutez ensuite l'huile, et mêlez.

IV. Avant de donner le lavement, il est nécessaire d'introduire le doigt dans le fondement pour en retirer les matières endurcies, s'il y en a. Ce lavement doit se donner avec un tuyau de la grosseur ordinaire, attaché par un des bouts à une vessie : on presse celle-ci avec les deux mains pour chasser le liquide dans les intestins. Aussitôt que l'on a fini, il faut baisser et serrer la queue du chien pendant quatre ou cinq minutes, pour l'empêcher de rejeter son lavement.

Inflammation de l'estomac, occasionée par le poison.

V. L'inflammation de l'estomac produite par les poisons minéraux, tels que l'arsenic ou le sublimé corrosif, et les sels de cuivre, etc., est accompagnée de symptômes à peu près semblables à ceux mentionnés ci-dessus, mais, en général, plus alarmans. Quand on soupçonne qu'elle a son principe dans l'un de ces poisons, il faut, sans perdre de temps, administrer l'émétique suivant :

(Recette N° 8.)

Prenez : Sulfate de zinc, trente-six grains ;
Poudre d'ipécacuanha, un scrupule;
Eau, une once et demie.
Mêlez le tout, et faites-le avaler.

Laissez le chien boire autant de lait ou d'infusion de graine de lin qu'il en voudra (1).

(1) Il importe de faire vomir l'animal le plus promptement possible; on y parvient ordinairement en lui faisant avaler une grande quantité d'eau tiède et en lui chatouillant le voile du palais avec une plume. Qu'on soit parvenu ou non à faire vomir le chien, on lui fera avaler de force deux pintes d'eau dans laquelle on aura battu plusieurs blancs d'œuf. Le blanc d'œuf est le meilleur antidote du sublimé corrosif et des sels de cuivre.

(*Note des traducteurs.*)

Poison de plomb.

VI. Les chiens qui lèchent la peinture contenant du plomb, éprouvent souvent, par suite, des coliques très douloureuses. Quand cela arrive, donnez la pilule purgative N° 2, page 15, aussitôt que faire se pourra, et continuez-en l'usage journalier pendant trois ou quatre jours.

VII. Les poisons végétaux, tels que le pignon d'Inde, la noix vomique, l'eau de laurier commun et l'acide hydrocyanique, tuent ordinairement les chiens en quelques minutes, en leur causant des convulsions suivies de la mort. Quelques gouttes d'acide hydrocyanique, mises sur le bout du museau d'un chien avec une baguette de verre, lui donnent la mort en quelques minutes.

VIII. L'émétique N° 8, page 25, serait convenable, si la nature du mal, connue assez à temps, en permettait l'emploi; mais ordinairement les remèdes sont trop tardifs.

CHAPITRE V.

Colique inflammatoire.

1. Lorsque le chien est tourmenté de cette colique, il est inquiet, manifeste beaucoup de souffrance, et quand on lui presse l'abdomen avec la main, la douleur y produit un mouvement convulsif qui le fait aussitôt se retirer sur lui-même; il éprouve du dégoût en présence de la nourriture, et vomit quelquefois. On remarque toujours chez lui différens symptômes de fièvre, tels que la soif, la perte de l'appétit, une grande sécheresse et une grande chaleur dans la gueule; ses jambes tremblent sous lui lorsqu'il

veut marcher, et les intestins sont généralement très tendus.

II. La cause la plus commune de cette maladie doit être attribuée à l'exposition de l'animal à l'humidité et au froid, surtout lorsqu'il est fatigué et souffrant. Elle provient aussi quelquefois d'une trop grande constipation des intestins; mais fort souvent elle survient sans qu'on puisse lui assigner aucune cause déterminante.

III. Il faut commencer par saigner l'animal, comme je l'ai dit ci-dessus, à l'article des maux d'estomac, lui frictionner ensuite le bas-ventre avec l'huile vésicatoire indiquée au N° 6, page 23, et lui administrer plusieurs lavemens. (N° 7, page 23.)

IV. S'il éprouve de la difficulté à vomir, on lui fera prendre la pilule suivante, de six en six heures, jusqu'à ce qu'elle ait produit son effet sur les intestins.

(Recette N° 9.)

Prenez : Calomel, de quatre à six grains (suivant la taille et la force de l'animal) ;
Opium en poudre, un demi-grain ;
Aloès soccotrin, un gros.

Faites une pilule avec du sirop.

V. Il est inutile de répéter ici que toutes les pilules qui ont quelque odeur doivent être roulées dans des morceaux de papier fin, au moment de les faire prendre. Si le remède n'opérait point, on pourrait, au bout de six heures, donner le breuvage suivant :

(Recette N° 10.)

Potion purgative.

Prenez : Huile de ricin, une once et demie ;
Infusion ordinaire de café ou de gruau, deux cuillerées à bouche ;

Versez l'huile sur le café, mêlez, et donnez cela à l'animal.

VI. Quelques personnes se contentent,

pour guérir cette maladie, de plonger le chien jusqu'au cou dans un baquet d'eau chaude, et de l'y tenir pendant quinze ou vingt minutes. Ce moyen est certainement très salutaire en pareil cas, comme dans toutes les affections inflammatoires, si l'on a soin ensuite de bien sécher l'animal et de le tenir très chaudement ; mais si l'on néglige cette précaution essentielle, il fera plus de mal que de bien (1). On peut faire prendre ces bains deux fois dans la journée, pendant les deux premiers jours de la maladie.

(1) Le meilleur moyen pour cela est de le bouchonner jusqu'à ce qu'il soit sec.

CHAPITRE VI.

Colique venteuse ou flatulente

I. Cette espèce de colique est une contraction spasmodique d'une ou de plusieurs parties des intestins ; elle est produite par quelque cause d'irritation, telle que constipation des intestins, vers, exposition au froid et à l'humidité, amas d'alimens indigestes dans l'estomac. Quelquefois elle est provoquée par de la peinture contenant du plomb, que le chien aura léchée, comme il a été dit ci-dessus, page 26.

II. Cette maladie est accompagnée des symptômes suivans :

L'animal éprouve dans les intestins

des douleurs tellement violentes qu'il se jette à terre, se roule et tourne souvent plusieurs fois de suite, tenant ses yeux fixés sur la partie souffrante; son regard paraît lourd et abattu; ses entrailles sont presque toujours dures et tendues; le rectum paraît chargé et presse visiblement contre le fondement, d'où résultent de continuels efforts pour chasser les excrémens. Il manifeste de la répugnance pour la nourriture et vomit quelquefois. Si la maladie est causée par les vers, elle se reconnaît généralement à quelques signes précurseurs (nous en parlerons à l'article qui traite des vers). Si on ne s'oppose pas au mal dès le principe, on voit bientôt se déclarer des symptômes d'inflammation. L'estomac fait mal ses fonctions, la respiration devient courte et précipitée, l'animal est inquiet, et témoigne de la souffrance lorsqu'on lui presse l'abdomen.

III. Pour traiter cette maladie, quelle qu'en soit la cause, il faut calmer les spasmes, faciliter l'évacuation des intestins, et prévenir les progrès de l'inflammation, par l'usage ordinaire de la recette suivante.

(Recette N° 11.)

Prenez : Opium en poudre, deux grains ;
Calomel (muriate de mercure doux) de quatre à huit grains (suivant la taille et la force) ;
Aloès, un gros ;
Huile de carvi, six gouttes ;
Sirop ou conserve, ce qu'il en faudra pour la composition d'une pilule.

IV. On en donnera une de quatre en quatre heures ou toutes les six heures, jusqu'à ce que les intestins soient entièrement dégagés ; mais il faut préalablement administrer le lavement indiqué N° 7, page 23, en ayant soin d'introduire le doigt dans l'orifice du rectum, pour extraire les excrémens qui s'y sont durcis et arrêtés, et qui obstrueraient le passage du liquide médicinal.

V. Si la pilule N° 11 ne soulage pas l'animal au bout de six à huit heures, et s'il indique encore de la souffrance lorsqu'on lui presse l'abdomen, il faut, s'il est de moyenne taille, lui tirer six à huit onces de sang, et lui faire prendre un bain chaud. Voy. page 31.

Coliques bilieuses.

VI. Les chiens sont parfois attaqués de coliques bilieuses. Ces affections sont accompagnées de vomissemens, d'évacuations bilieuses, de douleurs intestinales et d'une soif ardente. Elles proviennent, en général, des mêmes causes que les coliques flatulentes. La pilule suivante, administrée aussitôt que possible, conviendra dans ce cas.

(Recette N° 12.)

Prenez : Opium en poudre, trois grains ;
Poudre aromatique, trente six grains
Poudre de coiombo, *id.*
Huile de menthe, trois gouttes ;
Sirop ou conserve, suffisante quantité pour une pilule

Faites-en avaler une de quatre en quatre heures, jusqu'à ce que le vomissement et le cours de ventre aient sensiblement diminué.

VII. Si l'animal vomit la pilule, donnez le lavement suivant :

(Recette N° 13.)

Prenez : Gruau chaud, huit onces ;
Teinture d'opium, un gros.

Mélangez le tout, et répétez l'opération si le cas l'exige.

VIII. Lorsque le vomissement et le dévoiement cessent, faites prendre le purgatif recommandé sous la recette N° 11, page 34, pendant deux ou trois jours.

IX. Si le mal est opiniâtre et grave, il sera utile de faire des fomentations émollientes, ou d'avoir recours aux bains tièdes.

CHAPITRE VII.

De la maladie, proprement dite.

I. Depuis quelques années la maladie a fait de grands ravages parmi les jeunes chiens de constitution délicate, tels que les lévriers, chiens d'arrêt, bassets, etc. Ceux qui ont achevé leur entière croissance, qui sont forts et bien nourris, résistent plus facilement à la maladie. Elle serait beaucoup moins funeste à ces animaux, si les chasseurs savaient la traiter judicieusement; mais, en général, ils se fient à certains spécifiques qu'ils possèdent, et auxquels ils attribuent les qualités les plus efficaces. Comme ils les emploient indistinctement pour tous les cas et dans tous les degrés de la maladie, quels qu'en soient les symptômes, ils finissent presque toujours par faire périr l'animal.

II. La maladie des chiens est ordinairement indiquée par les symptômes suivans : L'animal paraît triste et stupide ; il s'opère dans son économie un dépérissement graduel ; le nez et les yeux distillent une humeur aqueuse qui se condense ; ses jambes de derrière sont parfois si faibles qu'à peine il peut marcher, que fort souvent il ne peut se lever. Il secoue fréquemment la tête, fait entendre un ronflement dans le gosier, écume de la gueule, et tient souvent la tête penchée du même côté. Il est frileux, cherche constamment le feu, tousse un peu, râle en respirant, prend peu ou point de nourriture, manifeste beaucoup de dégoût, et a de fréquens vomissemens. Il arrive quelquefois que les intestins ne subissent aucune altération dans leurs fonctions naturelles ; et quelquefois, au contraire, ils éprouvent un grand relâchement. Dans quelques cas, ils sont le siége de violentes tranchées non accompagnées de dévoiement. La maladie se déclare de différentes manières. Dans certaines années, elle s'annonce par des accès convulsifs et par le dépérissement des sujets; d'autres fois elle apparaît avec les symptômes d'un grand relâchement et d'un dépérissement graduel, et souvent un accès convulsif précède son apparition; mais les symptômes les plus ordinaires sont ceux mentionnés en premier lieu. Généralement aussi les yeux de l'animal sont plus malades que de coutume. (*Voyez* la maladie des yeux, chap. XVI.)

III. Presque tous les chiens sont sujets à la maladie : il est rare que quelques-uns échappent à ses atteintes. Elle survient souvent sans qu'on puisse lui assigner aucune cause matérielle et probable; mais elle peut être provoquée par les injures d'une atmosphère froide et humide, ou par la privation d'une bonne nourriture. Elle est aussi de nature contagieuse (1).

IV. Je la considère comme une fièvre causée par l'inflammation particulière de la membrane muqueuse d'une ou de plusieurs parties du corps, telle que celle des fosses nasales et des conduits lacrymaux, dont elle altère les sécrétions visqueuses à mesure qu'elle fait des progrès. Dans le cas présent, l'inflammation affecte presque toujours la membrane muqueuse qui tapisse le gosier, les bronches et les poumons eux-mêmes, d'où ré-

(1) La contagion dont on accuse cette maladie nous a paru chimérique. Nous avons seulement observé que les chiens qui ont éprouvé cette maladie paraissent exempts d'une recidive.

sulte une irritation qui obstrue ces parties et produit la toux et un râlement dans le gosier. Elle s'étend aussi fréquemment à la membrane muqueuse des intestins, et occasione pour l'ordinaire le flux de ventre. Lorsqu'elle se communique à celle qui recouvre l'estomac, le dégoût et le vomissement s'ensuivent.

V. Le traitement à opposer à la maladie doit être déterminé particulièrement d'après ses symptômes, qu'il faut observer avec la plus grande attention. Dès qu'on s'apercevra que l'animal en est attaqué, quoique sans dévoiement, on se hâtera de lui faire prendre la pilule ci-après, pour le faire vomir et le purger.

(Recette N° 14.)

Prenez : Émétique, trois grains;
Jalap en poudre, dix grains;
Conserve du fruit d'églantier, en suffisante quantité pour une pilule.

VI. Donnez-en une tous les trois jours, jusqu'à ce qu'il en ait pris trois. Cela suffira pour la guérison, sans le secours d'aucun autre médicament, si le mal n'est pas grave; mais s'il est violent ou accompagné de fièvre maligne, il faudra administrer la pilule restaurative suivante, en commençant le lendemain du jour où aura été donnée la troisième pilule N° 14.

(RECETTE N° 15.)

Prenez : Racine de colombo en poudre, deux scrupules ;
Poudre aromatique, dix grains ;
Rhubarbe en poudre, dix grains ;
Carbonate de soude, quinze grains ;
Huile de menthe, trois gouttes ;
Sirop ou conserve, ce qu'il en faudra pour une pilule.

On continuera ces pilules jusqu'à parfaite guérison.

VII. Si la maladie commence par la

diarrhée, on substituera la pilule que voici à celle du N° 14.

(Recette N° 16.)

Prenez : Poudre d'ipécacuanha de trente à quarante grains (suivant la force de l'animal) ;
Eau, deux onces.

Mêlez et donnez trois fois, une fois tous les trois jours.

VIII. On peut, au lieu de breuvage, former une pilule avec la conserve de fruit d'églantier.

IX. Peu après l'effet de la première potion ou pilule N° 16, on donne l'une ou l'autre des pilules suivantes, deux fois par jour, jusqu'à ce que le cours de ventre soit arrêté.

(Recette N° 17.)

Prenez : Rhubarbe en poudre, dix grains ;
Gomme-kino en poudre, dix grains ;
Poudre de testacés préparés, un scrupule.

Formez-en une pilule avec la conserve d'églantier, *ou bien :*

(RECETTE N° 18.)

Prenez : Extrait de ratanhia, dix grains ;
Opium en poudre, trois grains ;
Chaux préparée, un scrupule.

Faites du tout une pilule avec la conserve d'églantier.

X. On peut faire usage de ces pilules dans toutes les périodes de la maladie, s'il y a dévoiement. Aussitôt la cessation de cette incommodité, on donnera, si on le juge nécessaire, la pilule cordiale N° 15.

XI. Lorsque la maladie commence par des convulsions ou des spasmes violens, on administrera, jusqu'à concurrence de trois, les pilules indiquées sous le N° 14, en en donnant une tous les trois jours. Pendant le cours de ce traitement, on donnera la pilule antispasmodique qui suit, une fois chaque jour, jusqu'à ce que les convulsions ou accès spasmodiques aient cessé.

(Recette N° 19.)

Pilule antispasmodique.

Prenez : Assa-fœtida, un scrupule ;
Poudre d'antimoine, quatre grains ;
Opium en poudre, deux grains ;
Conserve, ce qui est nécessaire pour une pilule.

XII. On aura recours à ce remède, en tout état de la maladie, toutes les fois qu'il surviendra des convulsions.

XIII. Si la tête paraît être particulièrement affectée, il faut la bassiner à froid deux ou trois fois et pendant cinq ou dix minutes, avec de l'eau et du vinaigre en égale quantité. On donnera, si les circonstances paraissent l'exiger, la pilule restaurative N° 15, toutefois après avoir discontinué l'usage des pilules antispasmodiques.

XIV. Pour terminer le traitement, lorsque le chien commencera à se rétablir, on lui donnera peu de nourriture, mais de bonne qualité ; on lui fera prendre un exercice modéré ; on aura soin de bien nettoyer son chenil et d'y faire des fumigations avec les ingrédiens que voici :

(RECETTE N° 20.)

Fugimations.

Prenez : Sel commun et nitre, quatre onces de chaque ;
Huile de vitriol, quatre onces.

XV. Mêlez le sel et le nitre dans un vase d'argile que vous placerez dans le chenil, et versez-y graduellement l'huile de vitriol, en remuant le tout avec un bâton. Laissez ensuite le vase dans le chenil, et retirez-vous sur-le-champ, en en fermant exactement la porte, afin de ne pas respirer la vapeur malfaisante qui s'élève du mélange (1).

(1) Nous croyons utile de faire connaître ici un moyen préservatif de la maladie dont il est question dans ce chapitre. Ce moyen nous a été indiqué par plusieurs personnes qui l'ont employé avec succès. Il consiste dans l'inoculation du vaccin ordinaire (pris d'un vacciné ou conservé dans un tube de verre), effectuée par les procédés connus. L'opération se pratique à l'épaule, après avoir préalablement séparé ou coupé, sur les parties qu'on veut piquer, les poils qui pourraient gêner. Il est superflu de parler des précautions à prendre pour prévenir les mouvemens du chien pendant cette opération ; elles sont faciles à imaginer. On trouve, du reste, des renseignemens pour une opération analogue au paragraphe IV du livre 1er.

(*Note des traducteurs.*)

CHAPITRE VIII.

De la jaunisse.

I. Cette maladie est assez commune chez les chiens. Elle s'annonce toujours par l'abattement de l'animal, que le moindre exercice excède. Avec un peu d'attention, on découvre une teinte jaunâtre répandue dans le blanc des yeux, sur les parties internes des oreilles et de la gueule, ainsi que sur toute la surface de la peau : cette nuance est surtout apparente quand le chien a le poil clair. Ces symptômes sont accompagnés de la perte de l'appétit, de soulèvemens d'estomac et d'efforts pour vomir, et d'une grande constipation. On a vu des chiens attaqués de ce mal se coucher dans les champs, sans pouvoir aller plus loin, lorsqu'on les menait à la chasse.

II. Nous avons fait, il y a peu de temps, l'autopsie du cadavre d'un chien mort de la jaunisse. Nous avons trouvé dans la cholécyste ou vésicule du fiel quatre petites pierres, formées de cette liqueur, et arrêtées dans le canal par lequel elle s'épanche dans les intestins. L'écoulement de la bile, au lieu de se faire dans les intestins, intercepté par la présence de ces pétrifications, avait pris son cours dans les vaisseaux de la grande circulation, et produit sur la peau la couleur jaune qui s'y remarquait. Cette maladie peut aussi être l'effet d'un spasme dans le même canal, ou d'une affection du foie.

On en commencera le traitement par l'émétique suivant :

(RECETTE N° 21.)

Emétique contre la Jaunisse.

Prenez : Emétique, deux grains ;
Ipécacuanha en poudre, un scrupule.

Composez une pilule avec de la conserve, ou bien mêlez le tout dans un gruau léger, et donnez-le tous les deux jours trois ou quatre fois.

III. Le lendemain du jour où l'émétique aura produit son effet, on fera prendre la pilule ci-dessous, et on en continuera l'usage tous les trois ou quatre jours jusqu'à la guérison.

(RECETTE N° 22.)

Prenez : Calomel, quatre grains;
Rhubarbe en poudre, deux scrupules.
Savon de Castille, trente-six grains.

Formez-en une pilule, et donnez-la au chien.

IV. Lorsque, dès le principe de la maladie, l'animal éprouve de la peine à respirer et manifeste de la souffrance, il faut, avant d'administrer l'émétique, lui tirer de cinq à huit onces de sang, s'il est de moyenne taille. La saignée sera même salutaire, dans tous les degrés de la maladie, si les symptômes sont violens.

CHAPITRE IX.

Affection du foie chez les chiens.

I. Il est difficile de reconnaître une affection du foie dans le chien, si le mal n'a déjà fait quelques progrès : c'est alors seulement, c'est-à-dire, quand il est parvenu à un certain degré, que l'animal perd entièrement l'appétit, qu'il est tourmenté d'une soif sans cesse renaissante, et qu'il paraît dans un état continuel d'abattement. Son poil se hérisse, et ses yeux, ainsi que sa gueule, se couvrent d'une teinte jaunâtre. Il respire avec difficulté, et, après la plus petite course, il est haletant et très-fatigué. La constipation est à peu près constante; mais parfois il survient un dévoiement accompagné de tranchées douloureuses. Lorsque la maladie se prolonge, le chien devient très-maigre, et lorsqu'elle est un peu grave, le foie acquiert du développement du côté droit. Cette affection a quelque analogie avec la jaunisse; il y a cette différence, que l'envahissement de la dernière se fait toujours soudainement, sans apparence d'indisposition préalable, et qu'en outre elle se reconnaît, à sa naissance, par la teinte jaunâtre des yeux, des oreilles, de la gueule et de la peau. Dans les affections du foie, au contraire, tous ces sypmtômes se développent par degrés. L'animal devient triste, lourd, indolent et paresseux; le poil se hérisse, et la teinte jaune est moins prononcée que dans la jaunisse.

II. Le traitement recommandé pour la

jaunisse sera, en général, très-efficace dans les maladies du foie. Il faudra cesser l'usage de la pilule N° 22, et administrer celle que voici, lorsque l'animal commencera à se rétablir.

(Recette N° 23.)

Pilule restaurative.

Prenez : Quinquina, un scrupule ;
Poudre aromatique, deux scrupules ;
Poudre de gingembre, dix grains ;
Huile de grains d'anis, cinq gouttes ;
Sirop en suffisante quantité pour la composition d'une pilule.

CHAPITRE X.

Attaques d'épilepsie, convulsions.

I. Les chiens sont très-sujets aux accès d'épilepsie. Cette maladie tient à plusieurs causes qu'il faut s'attacher à bien reconnaître, parce que les remèdes à lui opposer doivent être déterminés d'après la nature de celles qui l'ont produite. Je signalerai ces causes lorsque j'aurai parlé des symptômes. Ces derniers sont variés, et leur apparition est soudaine. Parfois le chien s'arrête tout à coup, comme s'il était effrayé, fait, un instant après, un saut de deux ou trois pieds de hauteur, et retombe aussitôt, comme s'il était frappé de mort.

Tandis qu'il gît dans cet état, sa queue, ses membres, ou quelques autres parties de son corps, sont agités de mouvemens convulsifs. Il arrive quelquefois que ses yeux sont tournés, et que sa face éprouve des contorsions, souvent aussi sa gueule se remplit d'écume, et il grince des dents. Il est très-haletant, la respiration est précipitée, l'estomac se soulève, et le ventre est très-dur. Quelques-uns de ces animaux éprouvent, durant les accès, de forts gonflemens de poitrine, et paraissent près de suffoquer. Par intervalles, ils se lancent subitement en avant, et retombent à terre, étendus roides et sans mouvement, à l'exception des agitations convulsives de la queue, des membres ou de quelques autres parties du corps; ils ont, en général, la gueule écumante. En pareil cas, les convulsions d'une ou de plusieurs parties du corps sont les seuls symptômes qui caractérisent le mal; car, pendant la crise, l'animal reste à peu près privé de sensibilité. Parfois, un grand abattement annonce les approches d'un accès, mais souvent il n'est précédé d'aucun symptôme.

II. J'ai dit précédemment qu'un accès était souvent le signe précurseur de la maladie proprement dite, et qu'il était certaines saisons où, à ce symptôme principal, se joignait le dépérissement du corps. Lorsque la maladie se prolonge, et présente un caractère grave, les accès sont fréquens et généralement d'un funeste présage. Les remèdes qui y sont applicables sont indiqués à la section qui en traite, chap. VII.

III. Les accès convulsifs sont parfois occasionés par des vers qui pincent et irritent les intestins. La présence de ces animaux se décèle par des symptômes particuliers dont nous parlerons dans le chap. XI. Les moyens curatifs prescrits contre les vers, sont également spécifiques dans les accès dont il est question dans ce paragraphe.

IV. La constipation ou l'accumulation des matières impures dans les intestins, ainsi que l'irritation causée par la sortie naturelle des dents, produisent aussi ces accidens. Il faut alors administrer les pilules N°s 2 ou 3, tous les trois ou quatre jours.

V. Une autre cause aussi très fréquente et souvent fatale, qui donne lieu à ces attaques, est de laisser nourrir trop de jeunes chiens par les lices. Quand des cas de ce genre se rencontrent, les pilules purgatives sont moins convenables dès le principe; il faut commencer par celles dont la recette suit.

VI. Toutefois si la constipation arrive, après les avoir administrées deux ou trois fois, on doit faire prendre à l'animal une pleine cuillerée à bouche d'huile de castor, répétée deux ou trois fois.

(Recette N° 24.)

Prenez : Poudre aromatique, un gros;
Valériane en poudre, un scrupule:
Huile de menthe, quatre gouttes.

En composer une pilule avec la conserve de fruit, et en faire prendre trois par jour, jusqu'à ce que le malade soit mieux.

VII. Pour les accès qui ne paraissent pas devoir être attribués aux causes ci-dessus signalées, mais seulement à l'état constitutif du chien, il faudra faire usage du traitement suivant.

VIII. Jetez de l'eau froide sur la tête de l'animal pendant l'accès, et quand il aura cessé, donnez-lui la pilule purgative Nos 2 et 3. S'il se renouvelle après l'effet du remède, administrez celle que voici, une ou deux fois par jour.

(Recette N° 25.)

Prenez : Assa-fœtida, quinze grains ;
Valériane en poudre, un scrupule,

Ajoutez-y suffisante quantité de sirop ou conserve pour une pilule.

CHAPITRE XI.

Des vers.

1. Les intestins du chien sont fréquemment infestés de vers nuisibles et incommodes. Leur existence se manifeste par les symptômes suivans. Le chien devient maigre, et a l'air souffrant; il est tourmenté d'une toux sèche et d'une faim insatiable. Le double des alimens nécessaires à un chien lui suffit à peine; son poil se hérisse; il ressent des picotemens continuels dans l'abdomen; les déjections alvines se font irrégulièrement; tantôt elles sont rares et pénibles, tantôt elles sont excessives et chargées de viscosités.

Le ventre est souvent dur et tendu par suite d'enflure. Les vers sont aussi une cause fréquente d'accès spasmodiques chez le chien. Il arrive fréquemment qu'il en rend par les selles ou par la gueule, sans avoir été médicamenté, et sans qu'on eût même soupçonné l'existence de ces ento-zoaires, existence qui ne se décèle que par bien peu de symptômes difficiles à reconnaître, surtout chez les jeunes chiens, quoique pourtant leur présence soit ordinairement révélée par quelque indice résultant de leur nature essentiellement malfaisante ; car ils sont toujours plus ou moins nuisibles à l'économie de l'animal, lorsqu'il en est attaqué. Ils arrêtent la croissance du jeune chien, le font dépérir, provoquent le relâchement des intestins, qui évacuent, avec les excrémens, quantité de matières glaireuses. De là une faim désordonnée, et de légères crampes de bas-ventre. Les vers causent aussi chez le chien une certaine inertie, qui le rend impropre aux exercices de la chasse ; il est difficile de le rappeler à son activité naturelle, parce que son ardeur est paralysée par le mal qu'il éprouve.

II. Les chiens sont sujets à cinq espèces de vers. Le plus commun et le plus nuisible est un ver menu et rond, de deux pouces de long, quelquefois davantage, d'une couleur jaune pâle. Il séjourne ordinairement dans l'estomac, et l'animal le rend parfois par les vomissemens. Il en est un d'une autre espèce, c'est le ver gros et rond ; sa longueur est d'environ un pouce ; il a une teinte rougeâtre, et la tête petite. J'ai vu certains chiens en rendre une grande quantité, après avoir pris les pilules Nos 26, pag. 66, et 17, page 44. Un petit ver blanc forme la troisième espèce, la moins pernicieuse de toutes. Il se loge ordinairement dans le rectum, et le nombre en est quelque fois très-grand. On le détruit par l'usage d'un lavement composé d'une pinte de décotion d'absinthe dans laquelle on fait dissoudre un gros d'aloès, ou bien par la pilule N° 29, page 68. Les chiens sont encore tourmentés par une espèce de petits vers plats et blancs; mais ceux-ci sont facilement détruits par les médicamens vermifuges.

III. La dernière espèce à signaler est celle du ver à ruban. Il est long, plat, composé d'anneaux circulaires dans une étendue d'un à trente pieds, et même au-delà. Il est de couleur blanchâtre.

IV. Je suis porté à croire que les vers sont une production de l'état impur et visqueux des intestins. Les inflammations chroniques de la membrane muqueuse de ces parties, qui sont la suite de cet état, augmentent et corrompent la sécrétion naturelle du mucus, qui, déterioré ainsi dans son principe, a la propriété d'engendrer des vers.

V. Le traitement que je suis en pareille occurrence, quelle que soit d'ailleurs l'espèce de vers qui tourmentent l'animal, consiste dans l'emploi de la pilule mercurielle suivante, qui, administrée dans l'après-midi, le fera vomir et le purgera. Le chien ainsi préparé, on lui donnera le lendemain de bonne heure la pilule aloétique vermifuge N° 27.

(Recette N° 26.)

Pilule mercurielle vermifuge.

Prenez : Calomel, de quatre à six grains ;
Semen-contra, deux scrupules.
Composez-en une pilule avec la conserve.

Si c'est pour un jeune chien, bornez à deux grains la quantité de calomel, et réduisez à un demi-gros celle d'aloès dans la pilule aloétique qui suit :

(RECETTE N° 27.)

Pilule aléotique vermifuge.

Prenez: Aloès, un gros;
Semen-contra, deux scrupules;
Huile essentielle de sabine, quatre gouttes;
Conserve, ce qu'il en faut pour une pilule.

VI. Il faut user modérément et à de longs intervalles de la préparation mercurielle; mais la pilule aloétique peut être employée deux fois par semaine, pendant quinze jours et même plus, si le cas l'exige et si l'animal peut la supporter. Pour les chiens d'une complexion délicate, je fais ordinairement usage de la pilule ci-dessus, après avoir toutefois administré les pilules mercurielles et aloétiques.

(RECETTE N° 28.)

Pilule vermifuge composée d'étain et d'éthiops minéral.

Prenez : Poudre d'étain, un scrupule ;
Éthiops minéral, un scrupule ;
Conserve ou miel, suffisante quantité pour la composition d'une pilule.

VII. Si l'animal est jeune, il conviendra de ne faire entrer qu'un demi-gros d'étain en poudre et autant d'éthiops minéral dans la composition de la pilule, laquelle sera donnée deux ou trois fois par semaine.

VIII. La pilule suivante est également excellente contre les vers. Les chasseurs en font un très-grand usage.

(RECETTE N° 29.)

Pilule vermifuge.

Prenez : Calomel, de cinq à huit grains ;
Aloès, un demi-gros :

Gingembe en poudre, dix grains;
Huile d'absinthe, quatre grains.

Faites du tout une pilule avec la conserve ou sirop de fruit d'églantier, et donnez-en une de quatre jours en quatre jours, jusqu'à concurrence de trois.

La recette suivante réussit aussi dans beaucoup de cas.

Prenez : Ecorce de grenadier, une demi-once;
Eau, une livre.

Faites bouillir jusqu'à réduction de moitié, et faites avaler au chien. On peut répéter deux ou trois fois la même dose.

Nota. L'huile de ricin, administrée à la dose de deux à trois cuillerées à bouche, est également très efficace.

CHAPITRE XII.

De la gale.

I. Je vais maintenant parler de l'affection cutanée connue sous le nom de gale. On la distingue en deux espèces auxquelles les chiens sont ordinairement sujets : la première appelée simplement gale, et la seconde, gale rouge, à cause de la couleur rougeâtre qu'elle imprime à la peau. Il existe une autre affection de ce genre, que nous désignons sous le nom de *rouvieux*. Elle a quelque analogie avec la gale proprement dite, et cède aux mêmes remèdes. Il en sera conséquemment fait mention dans ce chapitre.

II. On reconnaît généralement qu'un chien est atteint d'un vice de gale, lorsqu'il se gratte continuellement. En examinant les parties affectées de la peau, on y aperçoit des pustules ou boutons qui, déchirés par le frottement, laissent échapper une humeur séreuse qui s'épaissit ensuite, se forme en croûtes et les couvre bientôt tout entières. Ces parties sont pour l'ordinaire les épaules, le dos, les reins, et quelquefois les jambes.

III. La gale, chez certains chiens, par exemple, chez ceux de chasse habitués à une nourriture abondante, prend un caractère différent de celui qui lui est ordinaire : elle a moins de tendance à s'étendre sur la peau, et ne se montre communément qu'à quelques parties de la face de l'animal, au cou et aux articulations; mais alors elle s'imprime plus profondément, cause une plus forte inflammation, et produit de petits ulcères d'où découle une humeur visqueuse qui, en se répandant sur la peau, la fait paraître luisante. J'ai guéri ce genre d'affection par l'usage d'une ou de deux pilules purgatives, N°s 2 et 3, page 15, et par celui du liniment N° 31, page 79, employé trois ou quatre fois, une fois tous les trois jours. Il sera aussi convenable de faire prendre à l'animal une pilule altérative tous les soirs, pendant une semaine à peu près.

IV. Je crois inutile de décrire *la gale rouge*, attendu que cette dénomination la désigne convenablement. Cette maladie attaque plus particulièrement le ventre, les cuisses, les jambes, et parfois le corps en entier. Elle occasione sur les parties affectées une rougeur vive, semblable à celle que leur donnerait le sang près de s'échapper; elle est accompagnée d'une grande démangeaison, et cause la chute presque totale du poil. Le moyen de la combattre est un peu différent de celui qu'on oppose à la gale ordinaire. Il est parfois nécessaire de commencer le traitement par une saignée de quelques onces, pour calmer l'irritation du sang. Un jour ou deux après la saignée et la purgation qui aura dû la suivre, on fera usage du liniment mercuriel indiqué à la recette N° 32, conformément à la manière qui y est prescrite; après quoi, on donnera la pilule altérative N° 35.

V. Dans quelques circonstances, assez rares cependant, la gale se déclare par une forte fièvre avec tuméfaction des parties malades. L'animal ainsi attaqué est haletant, refuse la nourriture, et manifeste beaucoup de souffrance : il survient de l'enflure à certaines parties du corps, telles que la tête et le cou, et l'ulcération ne tarde pas à succéder au gonflement de ces parties.

VI. Dans les cas de cette espèce, il faut tirer à l'animal de quatre à six onces de sang, s'il est d'une force médiocre, et lui faire prendre une ou deux fois la pilule purgative N° 2 ou 3. Après cela, on le frictionnera une fois chaque jour avec l'onguent de la recette N° 23. Cette dernière opération terminera le traitement et la guérison.

VII. Le rouvieux est fort commun parmi les chiens. Dans cette maladie le poil se hérisse, devient sale, terne et dégoûtant; la peau, entièrement dégarnie de poil dans divers endroits, se couvre parfois de teigne ou de rogne. Elle provient, en général, de ce que le chien est resté exposé au froid et à l'humidité, ou de ce qu'il a bu de l'eau trop vive étant très échauffé et rendu de fatigue. Quelquefois elle est due à la disposition maladive du corps, causée par la mauvaise qualité des alimens, telle qu'une grande quantité de gruau d'avoine, de viandes salées, etc. J'ai vu aussi qu'elle était parfois la conséquence d'une autre maladie. Il est nécessaire, lorsque le chien attaqué de ce mal est habitué à une forte nourriture, de le saigner et de le purger avec le purgatif ordinaire. Il faudra ensuite lui donner chaque jour une pilule altérative et le frictionner trois ou quatre fois, de deux jours l'un, avec l'onguent N° 33.

VIII. Quelques chiens atteints de cette affection n'ont point d'éruption à la peau; mais ils paraissent tristes, maigres, et ont le poil hérissé. La pilule altérative N° 35, a souvent suffi seule, dans ce cas, pour effectuer la cure.

IX. Nous n'entrerons pas dans de plus longs détails sur la nature de la gale. Il est difficile de la définir d'une manière satisfaisante, puisqu'elle se produit également sous l'influence de deux habitudes du corps diamétralement opposées, c'est-à-dire, sous celle de l'excès d'embonpoint comme sous celle de l'extrème maigreur. La nature de ses causes efficientes étant encore enveloppée d'une profonde obscurité, nous nous contentons de signaler ses effets sensibles. Ainsi, nous nous bornons à dire qu'elle altère d'une façon particulière et morbifique les qualités saines de la peau; mais nous ne pouvons préciser avec certitude si c'est par l'accroissement ou la diminution des sécrétions qui lui sont propres.

X. Les chiens renfermés dans des chenils mal aérés sont particulièrement exposés aux atteintes de cette maladie. En effet, lorsqu'on néglige d'entretenir dans ces lieux une propreté régulière, l'atmosphère, se pénétrant des miasmes et des émanations qui s'exhalent de tous les corps contenus dans leur enceinte, se corrompt, et perd ses propriétés conservatrices des fonctions vitales. L'infection est pareillement une cause qui donne lieu à cette maladie : elle agit plus fortement sur certains individus que sur d'autres ; il en est même sur lesquels elle ne produit aucun effet. La gale est aussi chez certains chiens une maladie héréditaire, non qu'ils l'apportent en naissant, mais parce qu'ils y sont naturellement disposés lorsqu'ils proviennent d'un père ou d'une mère qui s'en trouvait infecté.

XI. La gale simple se guérit, en général, aisément. Cependant elle est parfois rebelle et exige beaucoup de patience et une grande persévérance dans le traitement. Les deux premières recettes que nous donnons ci-après suffisent pour la guérison d'une gale ordinaire ; mais lorsqu'elle est d'un caractère plus âpre et plus opiniâtre, il sera bon, pour en accélérer la cure, de faire usage tous les jours, pendant un certain temps, de la pilule altérative N° 35 ; au surplus, dans presque tous les cas, à moins qu'ils ne soient de peu d'importance, je pense qu'il sera à propos de la donner chaque jour pendant une semaine, et même au-delà, si on le juge convenable.

(RECETTE N° 30.)

Onguent mercuriel pour la gale.

Prenez : Mercure, trois onces ;
Baume sulfurique, deux onces ;
Huile de térébenthine, trois onces ;
Savon mou, une livre ;
Poudre d'aloès du Cap, une demi-once.

Broyez le mercure avec le baume sulfurique dans un mortier de marbre, pendant trois ou quatre heures, ou jusqu'à ce que les globules du mercure aient entièrement disparu, et, tandis que vous broyez ces deux ingrédiens, ajoutez-y graduellement l'huile de térébenthine. Ensuite mélangez le tout ensemble pour l'usage.

XII. On frottera bien trois fois de cet onguent toutes les parties affectées, de manière à l'y faire bien pénétrer. On mettra toutefois trois jours d'intervalle entre chaque friction.

(Recette N° 31.)

Liniment mercuriel pour la gale.

Prenez : Fleur de soufre, six onces;
Protochlorure de mercure, une demi-once;
Onguent mercuriel, une once;
Aloès pulvérisé, une demi-once;
Huile de pied de bœuf ou de pavot, une pinte.

Broyez les poudres ensemble dans un mortier, mettez-y ensuite l'onguent, et ajoutez-y l'huile graduellement. Mêlez bien le tout avant de vous en servir.

On en frottera bien les parties affectées, en mettant trois jours d'intervalle entre chaque friction.

(Recette N° 32.)

Liniment mercuriel pour la gale rouge.

Prenez : Onguent de mercure dulcifié, quatre onces;

Huile de térébenthine, trois onces ;
Aloès du Cap pulvérisé, une demi-once.

Mélangez le tout, et frottez-en les parties malades trois ou quatre fois, en observant l'intervalle prescrit à la recette précédente. Beaucoup de chasseurs emploient ce liniment deux ou trois semaines avant l'ouverture de la chasse, dans la supposition qu'il est un moyen de disposer leurs chiens à cet exercice, et qu'il contribue à leur donner du nez.

(Recette N° 33.)

Onguent doux pour la gale simple et le rouvieux.

Prenez : Huile de vitriol, une demi-once ;
Saindoux, huit onces.

Mêlez, et frottez le chien pendant trois jours une fois chaque jour, ou plus souvent s'il est nécessaire.

Cet onguent est utile, et fréquemment employé pour le rouvieux ou toute autre gale peu considérable.

(Recette N° 34.)

Lessive pour la gale.

Prenez : Racine d'ellébore blanc broyée, deux onces ;
Trois pintes d'eau, réduites à deux par l'ébullition, et passées dans un linge ;
Sel ammoniac, deux gros ;
Sublimé, un gros ;
Aloès, une demi-once.

Faites dissoudre le sel ammoniac et les autres ingrédiens dans cette eau pendant qu'elle est chaude, et passez ensuite comme ci-dessus.

On fait usage de cette lotion pour guérir la gale, lorsqu'on ne peut employer les corps gras.

(Recette N° 35.)

Pilule altérative.

Prenez : Ethiops minéral, un demi-gros ;
Fleur de soufre, un demi-gros ;

Crême de tartre, un demi-gros;
Miel, en quantité suffisante pour une pilule.

On fait prendre une de ces pilules tous les jours, pendant quelque temps.

CHAPITRE XIII.

Du rhumatisme.

I. Il n'est pas rare de voir les chiens attaqués de rhumatisme ; ceux surtout qui sont vieux et habitués à être tenus chaudement, parce qu'ils sont plus sensibles aux variations de température. Les premières impressions d'un air froid ou humide, supprimant la transpiration chez eux, il en résulte des douleurs rhumatismales.

II. Celles-ci se font ordinairement sentir dans le dos et dans les parties postérieures. Le chien qui en est atteint se remue avec beaucoup de peine et de souffrance; il traîne les jambes plutôt qu'il ne les lève ; car, au moindre mouvement des parties affectées, la douleur devient aiguë. Quelquefois le mal se porte en même temps sur les jambes de devant et sur celles de derrière; alors l'animal se trouve presque entièrement privé de l'usage de ses membres.

III. Parfois le rhumatisme se fixe au cou et aux jambes de devant. Quand cela arrive, le cou devient roide, se penche d'un côté, et l'animal boite des jambes de devant.

IV. Lorsque les douleurs ont disparu, les parties qui ont été affectées conservent long-temps de la faiblesse et de la roideur, quelquefois même durant toute la vie de l'animal. Néanmoins, s'il a été traité avec soin, il recouvre, après sa guérison, toute son activité. On en voit même assez communément se rétablir très bien, sans qu'on ait eu recours à aucun médicament. Il est à remarquer que, dans les retours de cette affection, les articulations grossissent chez les vieux chiens.

V. Il est à propos, au commencement de la maladie, de donner une des pilules purgatives de la recette N° 3. Si elle n'agit pas suffisamment, on en donnera une seconde. Après avoir, au moyen de ce remède, nettoyé les intestins, on fera usage de la pilule suivante une fois par jour, pendant une semaine, si le cas l'exige.

(RECETTE N° 36.)

Pilule pour le rhumatisme.

Prenez : Calomel, quatre grains ;
Gayac en poudre, un scrupule ;
Opium, deux grains ;
Sirop ou conserve, ce qu'il en faudra pour une pilule.

VI. On frictionnera les parties souffrantes avec le liniment suivant, deux ou trois fois par jour, aussi long-temps qu'il sera nécessaire.

(Recette N° 37.)

Liniment.

Prenez : Opodeldoc, deux onces (ou liniment de savon) ;
Ammoniaque liquide, deux onces ;
Huile de térébenthine, deux onces.

Mélangez le liniment, et secouez-le pour l'usage prescrit.

VII. Les huiles vésicatoires indiquées N° 6 sont aussi très utiles lorsque le mal est opiniâtre, et qu'il s'est jeté sur les parties postérieures. On en frictionne deux ou trois fois par jour les endroits malades, ainsi que l'épine dorsale. Elles sont également très salutaires quand les douleurs attaquent les jambes de devant et le cou. Mais leur usage est surtout recommandé, lorsque le liniment stimulant ci-dessus n'a point soulagé les parties souffrantes. Dans tous les maux de cette espèce, les bains chauds, prolongés de quinze à vingt minutes, conviendront très souvent dès le principe. (*Voyez* page 30.)

CHAPITRE XIV.

Difficulté dans la respiration, ou catarrhe pulmonaire.

I. Les chiens habitués à rester enfermés[1], à prendre peu d'exercice, et à être traités avec des soins délicats, acquièrent ordinairement beaucoup d'embonpoint, sont mous et paresseux, et éprouvent presque toujours une grande difficulté de respiration, accompagnée de toux. La chaleur du feu près duquel ils sont constamment couchés, le nez dans les cendres, la fumée, etc., contribuent encore à augmenter cette incommodité, qui a son siége dans les poumons : elle est accompagnée communément, comme je viens de le dire, d'une toux très fatigante, et parfois d'un râlement dans le gosier. Ce dernier accident est fort souvent l'effet de l'épanchement de la lymphe, qui se coagule dans la trachée-artère et dans ses bronches.

II. Ce genre de maladie provient souvent d'une quantité superflue de graisse qui, amassée autour du cœur et des vaisseaux qui y aboutissent, s'oppose à la libre circulation du sang dans les poumons, et en gêne les fonctions.

Quelquefois elle ne paraît venir que de la stagnation du sang dans cet organe, ou de la trop grande quantité qui y passe, circonstance qui rend difficiles la rétraction et le resserrement qui lui sont naturels.

III. Il est facile de remédier à cette maladie, en écartant les causes qui la font naître. Les pilules purgatives (recettes Nos 1, 2 et 3, (page 15), sont, en général, efficaces dans les cas de cette espèce. Il faut aussi donner plus d'exercice à l'animal, et diminuer la quantité de ses alimens.

IV. Il est quelquefois nécessaire de lui faire prendre deux ou trois pilules purgatives par semaine; cependant une seule doit suffire si le mal n'est pas considérable, pourvu toutefois qu'on observe rigoureusement les principes hygiéniques que je viens de recommander.

V. Quand cette affection est accompagnée d'une forte toux et d'un dépérissement général et progressif dans la machine, elle doit être traitée avec la médecine dont voici la recette:

(Recette N° 38.)

Prenez: Racine de colombo en poudre, deux scrupules;
Enula campana, un scrupule;

Squille en poudre, quatre grains ;
Opium, un grain ;
Baume de Lucatellus, un gros.

On en forme une pilule, et on en donne une chaque jour.

CHAPITRE XV.

De la toux.

1. La toux n'est pas toujours une des conséquences de la maladie proprement dite, ni de l'existence des vers. Le chien peut en être incommodé pour avoir pris froid, étant très échauffé après un grand exercice, ou en restant exposé aux injures d'un air vif, et à la fraîcheur d'une atmosphère humide. Celle qui provient de cette cause est plus opiniâtre et plus sérieuse que celle qui est produite par la maladie proprement dite. On la distingue facilement en ce qu'elle n'est pas suivie du dépérissement graduel de l'économie

animale, ni accompagnée des symptômes particuliers à cette dernière affection. Lorsque la toux est causée par les vers, le poil est hérissé, et d'autres signes la caractérisent suffisamment.

II. Quand le mal a une certaine gravité, il est nécessaire de tenir le ventre libre en faisant avaler à l'animal une once, ou plus, d'huile de castor, et en lui donnant ensuite la pilule suivante, soir et matin.

(Recette N° 39.)

Prenez : Nitre, un gros;
Poudre d'antimoine, quatre grains ;
Opium, un grain;
Baume de Lucatellus, un scrupule.

Faites-en une pilule.

III. Si la toux est alarmante et jointe à une grande gène de respiration, il est bon de faire une saignée de trois à cinq ou même huit onces, suivant la taille et la force du chien.

CHAPITRE XVI.

Maux d'yeux.

I. Je parlerai d'abord de l'inflammation simple des yeux, c'est-à-dire, de celle qui provient, non de la maladie, mais de quelque offense extérieure, telle que celle d'une légère déchirure, d'une piqûre d'épine ou de quelque autre blessure accidentelle. Quand elle a une de ces causes pour principe, les yeux deviennent rouges, larmoyans, et les paupières sont toujours à demi fermées, pour les garantir de la vivacité et de la gênante réflexion de la lumière. La partie colorée ou transparente de l'œil, appelée la cornée, s'obscurcit, et prend souvent une teinte ardoisée, occasionée par l'épanchement de l'humeur lymphatique que provoque la violence de l'irritation : parfois il s'y forme un abcès peu considérable, qui dégénère en ulcère ; ceci néanmoins arrive rarement dans la simple inflammation.

II. Cette affection cède facilement à l'usage de la lotion que nous allons indiquer (N° 40), et à celui d'une pilule purgative, lorsqu'on a soin d'employer ces remèdes avant qu'elle ait fait des progrès; mais quand le mal est devenu plus grave, il est nécessaire de faire une saignée de quatre à six onces, si le chien est de moyenne taille et en bon état : on passera ensuite un séton au cou ou un écheveau de fil dans le pavillon de l'oreille, et on continuera d'administrer en même temps la pilule purgative N° 1, deux fois par semaine, aussi long-temps qu'on le jugera convenable.

III. Dans les maux récens, on commence par bassiner les yeux deux ou trois fois par jour avec l'eau dont la recette suit, après l'avoir fait tiédir à l'avance. On en imbibe bien un linge que l'on tient sur les yeux pendant cinq ou dix minutes.

(Recette N° 40.)

Eau pour les yeux.

Prenez : Eau de Goulard, une demi-once ;
Esprit-de-vin, deux gros ;
Eau de rose, quatre onces.

Mêlez et secouez bien le tout pour l'usage.

IV. Après avoir été employée tiède, pendant trois ou quatre jours, cette lotion sera ensuite appliquée froide; mais il conviendra d'en augmenter la force en y ajoutant de quatre à six grains de sucre de plomb. Si l'on soupçonne la présence de quelque corps étranger sous la paupière, on devra s'en assurer par un examen soigneux, et en faire l'extraction, si la chose est possible.

V. Le chien malade doit être mis à l'écart dans un lieu où une lumière trop vive, ni la chaleur du feu, ne puissent l'incommoder, et y rester en repos jusqu'à ce que les yeux aient retrouvé leur force. Sans ces précautions, il pourrait survenir des accidens dangereux, tels que l'interposition d'une taie ou de quelque substance opaque qui finit par éteindre totalement la vue.

VI. Si on remarque quelque taie ou tache bourbeuse sur la cornée, on pourra la dissiper à l'aide de quelques-unes des poudres suivantes. On en soufflera un peu dans l'œil, au moyen d'un tube de plume, une ou deux fois par jour.

(Recette N° 41.)

Prenez : Sel ammoniac, deux scrupules;
Tutie, deux scrupules;
Calomel, un scrupule.

Pulvérisez le sel ammoniac et la tutie, et passez-les à travers un linge, ensuite mélangez le tout, que vous garderez dans une bouteille pour en faire usage.

VII. Les maux d'yeux proviennent encore de causes internes qui troublent les humeurs du globe, et produisent, entre autres affections, la cataracte ou opacité du cristallin, qui est toujours suivie de l'augmentation de l'humeur interne. Dans ces deux maladies, qui sont incurables, l'obscurcissement s'étend aussi sur la cornée.

Ophthalmie produite par la maladie proprement dite.

VIII. Dans la maladie proprement dite, les yeux sont toujours atteints d'une inflammation plus ou moins forte, genre d'affection par conséquent beaucoup plus commun que celui dont je viens de parler. Alors la cornée transparente devient opaque, d'une couleur ardoisée, et se couvre souvent de petits ulcères qui, par leur tendance à s'étendre, amènent progressivement la cécité. Parfois même, quoique rarement, il se forme une excroissance spongieuse sur la pupille. Quoi qu'il en soit, je crois utile de faire remarquer que les traces de toute affection aux yeux, lorsqu'elle est la conséquence de la maladie proprement dite, disparaissent par le fait de la guérison de cette dernière.

IX. Il est très rare que l'ophthalmie de cette espèce exige d'autre médication que celle de la maladie elle-même; cependant, quand l'inflammation est grande et accompagnée d'ulcération, le séton au cou est très utile, et il convient de bassiner les yeux une ou deux fois par jour avec la lotion N° 40.

Ulcération des paupières.

X. Cette affection des paupières vient ordinairement par suite d'accidens. La cure peut en être effectuée au moyen d'une ou deux pilules purgatives, et par l'application de l'onguent suivant : Prenez précipité rouge en poudre très fine, deux scrupules ; onguent de spermaceti, une demi-once.

XI. Enduisez-en les parties malades en vous servant, pour cette opération, d'un pinceau en poil de chameau. Si ce traitement ne réussit pas en peu de temps, il faudra avoir recours au séton, et faire usage de la pilule altérative N° 35.

Manière de pratiquer le séton.

XII. On passe dans l'œil d'une aiguille (1) à séton un écheveau de soie ou de coton, d'environ six pouces de longueur, et on l'enduit d'onguent vésicatoire commun. L'instrument étant ainsi préparé, un aide saisit la peau longitudinalement avec le pouce et les doigts de chaque main, la tire légèrement pour la détacher des chairs, et alors l'opérateur traverse avec l'aiguille tout l'espace qui se trouve entre les mains de l'aide. Cet espace doit être calculé de manière qu'il y ait un pouce et demi ou deux pouces de distance entre les deux ouvertures pratiquées par l'aiguille. L'écheveau introduit, on en lie les deux bouts pour qu'ils n'échappent pas. On doit aussi entretenir la suppuration en remuant chaque jour le séton pour exciter l'irritation de la plaie, ou en graissant la tuméfaction d'onguent vésicatoire une

(1) On peut s'en procurer chez les fabricans d'instrumens de chirurgie vétérinaire.

fois le jour. Pour empêcher l'animal de la lécher ou de l'arracher, on pourra se servir d'un petit chapelet ou d'un cerceau inventé à cet effet. Quand on supprimera le séton, on purgera l'animal une fois, un jour ou deux après son extraction, et une seconde fois après la cicatrisation de la plaie.

CHAPITRE XVII.

Des tiques et poux.

I. Ainsi que tous les animaux, le chien est sujet à être infesté de vermine. L'espèce qui s'attache à lui est appelée tique. L'animal est quelquefois tourmenté par un grand nombre de ces insectes incommodes. On l'en délivrera très-facilement au moyen de la lessive suivante; mais pour prévenir leur reproduction, il sera nécessaire de l'entretenir dans la plus grande propreté.

(Recette N° 42.)

Lessive pour les tiques.

Prenez : Eau, deux pintes ;

Esprit de vin, une once ;

Sublimé, un gros et demi.

Faites dissoudre le sublimé dans l'esprit de vin, et ajoutez ensuite l'eau.

II. On frottera l'animal, soir et matin, de cette lessive, et on aura la précaution, en le lavant, de séparer les poils, afin d'en bien pénétrer la peau.

CHAPITRE XVIII.

Chancres intérieurs à l'oreille.

I. On désigne par cette dénomination une affection morbide et inflammatoire de l'intérieur de l'oreille. Elle se rencontre plus fréquemment chez les chiens bien nourris, et chez ceux qui vont naturellement à l'eau, tels que l'espèce de Terre-Neuve et autres. L'animal, affecté de ce mal, le manifeste en secouant la tête à chaque instant, et en se grattant l'oreille souffrante, du côté de laquelle aussi il tient presque toujours la tête penchée. La surface interne de la conque de l'oreille paraît rouge et teigneuse ; on en voit découler une humeur jaunâtre et visqueuse, si le mal existe déjà depuis quelque temps; et souvent même, lorsqu'il est ancien et invétéré, les yeux seuls paraissent en être le siége. Parfois le poil se hérisse et la peau devient rude. Il n'est pas rare, lorsque cette maladie est négligée ou traitée sans méthode, de voir l'inflammation se porter sur l'organe de l'ouïe et causer la surdité.

II. Il est à remarquer que les exercices de la chasse, quand en vient la saison, font disparaître cette maladie presque entièrement et même souvent tout-à-fait, mais qu'elle se représente avec sa malignité primitive, lorsque les chiens sont de nouveau renfermés et nourris avec abondance.

III. L'expérience nous apprend que ce mal, en attaquant plus particulièrement les chiens accoutumés à une copieuse nourriture en viande, reconnaît cependant pour cause principale l'influence nuisible de l'humidité, laquelle tend à priver les oreilles de la chaleur vitale qui les anime, surtout quand on y expose l'animal ayant extrêmement chaud. Aussi nous voyons, chez les chiens canards qui vont souvent à l'eau, les maux de cette espèce fort multipliés. En effet, une exposition continuelle aux offenses de l'humidité, en altérant l'ordre des fonctions propres aux vaisseaux répandus dans ces parties, occasione leur relâchement. De là un afflux plus considérable de sang qui en produit l'engorgement. La même cause amène aussi des altérations dans le mode d'exercice particulier aux nerfs, de manière que ceux-ci exercent sur le sang une impression active qui détermine l'irritation.

IV. Quand les chiens couchans, les épagneuls, etc., vont à l'eau, l'intérieur de l'oreille retient beaucoup d'humidité, et ne se sèche que long-temps après. Cette évaporation lente de l'humidité tend donc à diminuer considérablement la chaleur naturelle de cette partie. Or, nous venons de voir que le passage subit du chaud au froid était justement une cause efficiente de la maladie que nous signalons.

V. Quelle qu'ait été la durée du mal, la cure peut en être facilement effectuée par une diète suivie, par un exercice et des remèdes convenables. Tout le monde sait que pendant le temps des chasses on est obligé de préparer la pâture des chiens avec une plus grande quantité de viande; mais comme cette nourriture engendre un grand nombre de maladies, il faudra aussitôt après cette saison les remettre à un régime moins succulent, en diminuant la quantité des substances animales, et en augmentant celle des végétales, les entretenir dans un exercice régulier et les purger. Ces moyens sont très-propres à prévenir le retour de la maladie et à en faire disparaître toutes les traces, s'il en reste encore quelques-unes. L'huile mercurielle dont la recette suit suffira, en général, pour obtenir la guérison, sans qu'on ait besoin de recourir à d'autres remèdes : mais il vaut beaucoup mieux s'en tenir à une ou deux purgations, et surtout aux précautions que je viens de recommander, relativement à la diète et à l'exercice.

(Recette N° 43.)

Prenez : Huile d'olive, une once;
Calomel, un gros et demi.
Mêlez et secouez le tout pour en faire usage.

VI. On frottera avec cette huile les parties malades, soir et matin, pendant cinq minutes. Dans les cas rebelles, et principalement lorsque les yeux sont affectés, il est nécessaire de pratiquer un séton au cou et de donner tous les jours la pilule altérative N° 35.

CHAPITRE XIX.

Chancres extérieurs à l'oreille.

I. Ce mal est plus commun que le précédent. Il n'attaque, en général, que les chiens d'arrêt et les chiens courans. Il commence, à l'extrémité inférieure de l'oreille, par une petite crevasse couverte d'écailles sèches. Cette fente ou ulcération, accompagnée d'une légère tuméfaction, est douloureuse au toucher, et cause une très grande démangeaison, ce qui fait que l'animal secoue fréquemment la tête.

II. Cette maladie est, à n'en pas douter, de la même nature que celle du chancre intérieur. Si les chiens de Terre-Neuve, les chiens couchans et les épagneuls en sont exempts, c'est très probablement parce que les oreilles, chez ces animaux, sont plus garnies de poil, et par conséquent moins susceptibles de se ressentir des changemens alternatifs du chaud et du froid, cause effective de ce genre de maladie.

III. Les moyens curatifs, quant à ce qui concerne la nourriture et l'exercice du chien, sont les mêmes que ceux indiqués dans le chapitre précédent. On les suivra avec un soin soutenu. On trouvera, pour le traitement local, une grande vertu à la teinture astringente que nous donnons ci-après; mais pour accélérer la guérison, il sera quelquefois nécessaire de donner une ou deux purgations.

(Recette N° 44.)

Teinture styptique ou astringente.

Prenez : Onguent égyptiac, une once;

Huile de vitriol, deux gros;
Acide nitrique, deux gros;
Esprit de térébenthine, une once;
Esprit de vin dulcifié, une once.

Mêlez d'abord l'égyptiac avec un peu d'esprit de vin, ajoutez-y ensuite graduellement l'huile de vitriol, puis l'acide nitrique aussi par degrés, et enfin le reste de l'esprit de vin, ayant l'attention de remuer, avec un bâton ou une baguette de verre, sans discontinuer, ces ingrédiens étant susceptibles de s'enflammer.

IV. Si le mal est opiniâtre, il sera convenable d'ajouter une demi-once de beurre d'antimoine à une once et demie de la teinture astringente.

V. On voit quelquefois le pavillon de l'oreille enfler et se tuméfier sans ulcération préalable. Dans un tel cas, il faut faire, avec une lancette ou un canif, une forte incision pour évacuer l'humeur qui y est contenue, et panser ensuite la plaie avec une tente de charpie imbibée de la teinture astringente.

Chancres et ulcérations aux pattes.

Ce mal consiste dans la tuméfaction et l'ulcération des doigts. Le gonflement qui l'accompagne est douloureux. Il se guérit par l'emploi du remède suivant, appliqué deux fois par jour : Prenez teinture astringente, une once ; teinture de myrrhe composée, une once. Mêlez le tout pour vous en servir au besoin.

CHAPITRE XX.

Des blessures.

I. Les blessures auxquelles les chiens sont exposés sont de deux espèces; les unes sont appelées par l'auteur plaies par instrument tranchant; les autres, dites de *lacération*, sont le résultat de quelque accident qui occasione le déchirement violent des chairs.

Traitement des plaies par instrument tranchant.

II. On commencera par arrêter l'hémorragie, à l'aide d'un tampon de charpie que l'on tiendra sur la plaie pendant cinq minutes. Si au bout de ce temps on n'est pas parvenu à la faire cesser, on aura recours à la teinture styptique N° 11, et on comprimera de nouveau la plaie. Après avoir arrêté le sang, il faut, si la blessure est large, chercher à la fermer, afin d'éviter à la nature un trop long travail de reproduction. A cet effet et en conséquence du peu de solidité des chairs, on rapprochera les lèvres de la plaie par une suture avec du fil et une aiguille, et on la maintiendra par quelques bandes d'emplâtre adhésif, ayant soin toutefois de laisser un peu d'espace entre chaque bande, afin de donner issue à la matière qu'elle peut rendre. Il ne sera pas nécessaire de changer les bandes avant que le pus soit formé. Alors on les enlèvera, et on pansera la plaie tous les jours avec les huiles indiquées ci-après. On devra replacer de nouvelles bandes après chaque pansement. Les huiles dont il est question ici sont excellentes et suffisent pour la guérison des blessures légères, quelquefois même pour celles qui sont plus considérables.

Traitement des blessures de lacération.

III. Le traitement à suivre est le même que pour les blessures par instrument tranchant; mais il faut toujours commencer par nettoyer soigneusement la plaie avec de l'eau tiède. S'il reste quelque écharde de bois ou autre corps étranger, on aura soin de l'en extraire.

(Recette N° 45.)

Huile pour les blessures.

Prenez : Goudron des Barbades, une demi-once;
Térébenthine liquide, une once;
Huile de térébenthine, deux onces;
Huile de graine de lin, trois onces.

Mélangez tous ces ingrédiens en les faisant chauffer sur un feu lent. Lorsqu'ils sont tièdes, ajoutez-y une once de teinture de myrrhe composée. Mêlez ensuite, et gardez dans une fiole que vous secouerez bien quand il faudra vous en servir.

IV. Les blessures aux articulations et aux pattes sont parfois difficiles à guérir. On en entreprendra la cure par l'usage de la teinture astringente (N° 44). Si on ne réussit pas à cicatriser la plaie par ce procédé, on sera obligé de l'ouvrir par une forte incision, de manière à en découvrir le fond. On la pansera alors deux fois par jour avec l'huile (N° 45).

Blessures provenant de la morsure des chiens enragés.

V. Commencez par bien laver la plaie avec de l'eau chaude, et employez ensuite la cautérisation actuelle (1), ou bien appliquez le caustique de Lunaire sur toute l'étendue de la plaie.

(1) Le feu. *Voyez* l'Appendice, art. Abcès.

CHAPITRE XXI.

Des fractures.

I. On reconnaît facilement qu'il y a fracture dans un membre, à l'altération que subit sa forme, à la gêne et à l'irrégularité de ses mouvemens. Comme la remise d'un os fracturé exige quelque précaution, afin d'éviter les difformités qui peuvent résulter d'une opération faite sans soin, on réussira à l'exécuter facilement en se conformant aux instructions suivantes.

Fractures du fémur.

II. Préparez d'abord deux petites éclisses en bois de sapin, assez longues pour atteindre d'une articulation de la cuisse à l'autre, et même un peu plus. Procurez-vous aussi un morceau de cuir assez ample pour couvrir le plat extérieur de la cuisse et une partie de l'intérieur. Ces objets disposés, faites fondre dans un vase de faïence, ou tout autre propre à cela, de l'emplâtre adhésif, et quand il sera parvenu au degré de chaleur convenable, étendez-le avec une spatule sur les côtés de la cuisse, à l'endroit où doivent être placées les attelles. Faites aussitôt placer celles-ci par la personne qui vous seconde, et couvrez-les avec le morceau de cuir que l'on aura eu soin de faire chauffer préalablement. Ensuite entortillez avec régularité l'appareil d'un bourrelet de coton, mais évitez de le trop serrer, afin de ne pas arrêter le développement de l'enflure et de l'inflammation qui surviennent toujours à la suite de ces accidens.

Sans cette précaution, la partie endommagée pourrait se corrompre et se mortifier.

Fractures des jambes antérieures ou postérieures.

III. On opère pour les ruptures de ces parties absolument de la même manière que pour celles du fémur, avec cette seule différence que le nombre des éclisses dont on soutiendra la partie fracturée, devra être de trois ou quatre.

IV. Si le membre n'est pas rétabli exactement dans sa position naturelle, c'est-à-dire de manière que les extrémités fracturées de l'os soient parfaitement remises en contact, elles seront réunies par une substance cartilagineuse qui se formera et s'interposera dans les interstices laissés par les points de séparation.

V. Il faut, en pareil cas, passer un séton dans la partie cartilagineuse, et l'y laisser pendant huit ou dix jours; on le retire ensuite, et on applique de nouveau des éclisses, etc., comme il a été prescrit ci-dessus. Cet appareil ne doit pas empêcher de promener le chien de temps en temps.

CHAPITRE XXII.

De la rage.

I. De toutes les maladies auxquelles les chiens sont sujets, aucune n'offre un caractère aussi effrayant que la rage. Elle est heureusement très rare. Les symptômes en sont très variés et dépendent beaucoup de la partie ou des parties affectées par la morsure, ainsi que de l'âge, de l'espèce du chien, et de quelques autres circonstances fortuites. On ne peut pas déterminer le temps précis que le virus hydrophobique met à se développer depuis le moment de sa communication jusqu'à celui de l'apparition du mal; cependant on remarque en général qu'il s'opère un trouble quelconque dans l'économie de l'individu, environ trois semaines après l'inoculation du venin ; mais il manifeste quelquefois ses effets bien plus tard ; d'autres fois, au contraire, on s'en aperçoit au bout d'une semaine.

II. Voici les principaux symptômes qui font reconnaître cette maladie formidable. Dès le moment de la génération du mal, le chien perd sa gaieté ordinaire, et quoiqu'il reconnaisse son maître et obéisse à sa voix, il lui fait moins de caresses que de coutume. On le voit parfois ramasser dans son chemin des brins de paille ou tout autre objet menu ; d'autres fois, il aime à lécher le nez ou autre partie froide chez les autres chiens, ainsi que les pierres, le fer, en un mot les corps froids.

III. Fort souvent la maladie rend ces animaux très irritables, surtout lorsqu'ils sont jeunes. Cette disposition se manifeste par la grande aversion qu'ils ont pour ceux de leur espèce, et encore plus pour les chats, qu'ils poursuivent et mordent quand ils sont à leur portée.

Si on les agace avec un bâton ou toute autre chose, ils s'en saisissent et le secouent avec furie; quelquefois l'endroit mordu est douloureux, et on remarque qu'ils le rongent continuellement; mais le symptôme le plus fréquent et le plus caractéristique, est la perte de l'appétit. Le chien, s'il ne la refuse, prend la nourriture qu'on lui présente, avec répugnance. Parfois, au contraire, il est d'une telle voracité, qu'il dévore ses propres excrémens, son urine, ou toutes les saletés qu'il rencontre.

IV. On le voit souvent, poussé par une soif ardente que cause la violence de la fièvre, laper l'eau, quoiqu'il ne puisse l'avaler; quelquefois il l'évite tout-à-fait, tourmenté par les douleurs de spasmes convulsifs que subit le gosier. L'estomac éprouve de fréquens soulèvemens, et la constipation est opiniâtre pendant toute la durée de la maladie. Tels sont les symptômes particuliers qui en constituent le premier degré. Il est important de s'attacher à les bien connaître, parce que le chien doit être enchaîné, vu le danger qu'il y a à courir dans le cours de cette période.

V. Le poison poursuit sa marche avec rapidité; ordinairement un jour ou deux après l'apparition des symptômes susmentionnés, l'animal devient furieux et montre les dents à tout ce qui l'approche. Il est alors très inquiet, il quitte son chenil et court droit devant lui, parfois très vite, ne se dérangeant que pour mordre d'autres chiens, des moutons ou des bestiaux de toute espèce, très rarement l'homme. Tantôt il a les yeux étincelans, tantôt ils sont ternes; mais, en général, ils sont enflammés; il a les oreilles basses, la queue serrée entre les cuisses, la langue pendante, chargée d'écume et de bave. Parfois il se pelotone, déchiré par de violentes douleurs dans les intestins, d'autres fois il s'assied immobile; souvent les jambes de derrière manquent sous lui; il n'aboie jamais, mais pousse des hurlemens lugubres particuliers à cet état de crise; dans certains momens, il se sauve à la vue de l'eau; dans d'autres, il la recherche avec ardeur.

VI. Il n'est pas rare de voir un chien atteint de ce mal, au lieu de mordre, tomber dans l'abattement, la tristesse et une profonde stupidité, et même obéir à son maître jusqu'à son dernier moment; dans ce cas, il a les yeux mornes, et sa vue troublée lui fait voir des objets imaginaires qu'il cherche à saisir.

VII. La mort, quand elle doit terminer la maladie, n'arrive qu'après l'entier épuisement du système organique, atteint progressivement dans toutes ses parties par l'irritation morbide et destructive du mal; c'est alors que l'animal affaibli chancèle, s'affaisse sur ses jambes, et périt enfin accablé d'une multitude de maux et de souffrances inouïes.

VIII. Il n'est pas vrai, comme on l'a prétendu, que la rage fasse toujours mourir les chiens. L'expérience m'a prouvé le contraire. Un de mes amis avait un basset qui fut mordu par un chien enragé. Il vint me consulter pour savoir ce qu'il avait à faire. Je le priai de n'employer aucuns moyens préservatifs, ayant l'intention de suivre moi-même les progrès de la maladie. Il consentit à mes désirs, et tint son chien renfermé. Les symptômes de la rage se manifestèrent au bout d'une semaine, et le mal s'accroissant par degrés, le chien devint furieux, et resta dans cet état de crise pendant deux jours : le septième jour la maladie le quitta et le laissa dans un complet anéantissement. Il fut parfaitement rétabli au bout de quinze jours, à dater du début de la maladie.

IX. On ne peut douter, lorsque l'animal succombe, que sa mort ne soit l'effet de la malignité particulière du virus, qui attaque et détruit l'économie dans ses principes vitaux.

X. A l'ouverture des cadavres de chiens morts de la rage, les effets que l'action du virus a produits sur les viscères, présentent autant de variétés et de différences que les symptômes de la maladie en laissent apercevoir pendant l'existence de l'animal. Le *pharynx*, conduit musculaire situé au fond de la bouche, qui est toujours plus ou moins enflammé dans cette maladie, est quelquefois affecté à tel point qu'il paraît d'un rouge écarlate ; souvent l'inflammation s'étend bien avant dans le gosier; l'orifice supérieur de la trachée-artère en est aussi atteint ordinairement; l'estomac également est parsemé de taches d'inflammation, et contient presque toujours un amas de matières indigestes : les intestins pareillement en laissent apercevoir des traces plus ou moins fortes dans toute leur étendue : toujours aussi les membranes qui enveloppent le cerveau, et le cerveau lui-même, en portent des vestiges prononcés.

XI. Nous croyons devoir présenter au lecteur quelques explications sur la nature de la rage dans les chiens, d'après les observations que nous avons recueillies. Les fonctions variées et compliquées du mécanisme animal par le concours desquelles existe un être organisé, sont soumises à des lois fixes et déterminées. On ne peut douter que ces fonctions ne soient en grande partie réglées par le cerveau et le système nerveux. Or, nous supposons que la masse générale du sang, inerte par elle-même, reçoit son principe d'action de ces deux organes : par conséquent, le virus introduit par la morsure d'un chien enragé, pénétrant dans l'organisme par un mouvement *suî generis*, c'est-à-dire qui lui est propre, se communique au cerveau et aux nerfs, en altère les fonctions conservatrices, et leur imprime une nouvelle impulsion subversive et destructive des principes de la vie. Nous sommes donc portés à conclure de tout ce que nous venons de dire, que la rage consiste dans un mode d'exercice tout-à-fait particulier, que détermine, dans les fonctions de l'organisme animal, la qualité d'un virus spécifique, et c'est d'après cette supposition que nous calculons nos moyens de guérison.

XII. Les premiers troubles que signale l'apparition de la maladie, semblent être une lésion manifeste des fonctions du cerveau et des nerfs, causée par l'influence perturbatrice du venin sur ces parties; en effet, à mesure que le mal fait des progrès, nous voyons, comme je l'ai déjà dit, un grand nombre de chiens tomber dans un abattement, une tristesse extrême, même dans une stupidité profonde. Leur regard devient inquiet, louche et timide; les yeux sont éteints, et la vue est troublée au point que l'animal cherche à saisir des objets imaginaires; la langue sort flasque sur une mâchoire inférieure tombante, et le chien ne peut ni aboyer ni hurler. Ces symptômes ne sont pas seulement l'effet du poison sur le cerveau, mais ils indiquent encore un état particulier d'irritation de la masse cérébrale même, irritation qui, augmentant son volume, lui fait éprouver un certain degré de compression dans son enveloppe devenue trop étroite. Il est à remarquer aussi que les membranes du cerveau, ainsi que les poumons, ont été particulièrement affectées d'inflammation lorsque, pendant le cours de la maladie, les chiens se sont montrés fort irritables, hargneux et enfin furieux; que dans cet état ils ont poussé des hurlemens plaintifs inaccoutumés, qu'ils ont déserté leur chenil et mordu d'autres chiens. Par l'altération des fonctions du genre nerveux, les organes de la digestion deviennent le siége de graves désordres, ainsi que les autres organes importans de l'économie; en un mot, presque toutes les parties internes se trouvent dans un état d'inflammation qui exalte leur chaleur naturelle. Cette exaltation est causée par la réaction toujours croissante du sang, qui la reçoit lui-même de l'irritation morbide des nerfs, en raison de leur action sur ses parties constituantes.

XIII. C'est à cette chaleur surabondante de l'intérieur, à la suppression des sécrétions de la bouche, enfin à l'état particulier de l'économie, que paraît devoir être rapportée la soif ardente qui dévore l'animal. On a remarqué aussi que toutes les fois que les intestins avaient été le siége d'une forte inflammation, les parties postérieures avaient toujours été faibles, et par cette raison je suis porté à croire que la moelle épinière n'est pas non plus exempte d'inflammation.

XIV. La meilleure précaution à prendre contre la rage, est, si le siége du mal le permet, de couper et d'enlever sur-le-champ les chairs où la morsure a été faite. En cas d'impossibilité, il faut appliquer le cautère actuel ou le caustique de Lunaire. Quelquefois la partie ou les parties mordues échappent à l'investigation que l'on fait pour les découvrir : en pareille occurrence, on aura recours à *la solution d'arsenic de Fowler*. Il faut en donner à un chien de taille moyenne, de dix à quatorze gouttes, deux fois par jour, dans du lait ou tout autre véhicule que le chien voudra prendre; on en continuera l'usage pendant deux ou trois semaines, si son estomac peut la supporter. Toutefois l'usage de cette solution devra être précédé de l'emploi et de l'effet de la pilule suivante :

(Recette N° 46.)

Prenez : Précipité jaune de mercure, trois grains;
Aloès des Barbades, un gros.
Faites-en une pilule avec sirop ou conserve.

XV. Aux premiers indices de la maladie, on aura promptement recours, comme le moyen le plus propre à prévenir la mort de l'animal, à la saignée répétée et à la solution d'arsenic administrée jusqu'à quarante gouttes, deux ou même trois fois par jour. Mais malheureusement la difficulté est si grande, qu'on n'a encore pu attribuer aucune guérison aux moyens curatifs employés jusqu'à ce jour.

Ver sous la langue.

On attribuait autrefois, et cette croyance existe encore chez quelques personnes, la rage des chiens à un prétendu ver logé sous la langue. Ce ver n'est autre chose qu'un ligament ou production de peau qui, empêchant la langue de rentrer dans le gosier, sert par conséquent à prévenir la suffocation de l'animal. Ceux chez qui cette opinion absurde n'est pas détruite, font l'avulsion de ce tendon comme mesure préservatrice contre la rage; mais cette opération n'a d'autre effet que de causer une douleur inutile à l'animal.

APPENDICE

COMPLÉMENTAIRE.

CHAPITRE PREMIER.

De la fièvre.

La fièvre, comme maladie essentielle, est encore peu connue dans les animaux domestiques. Aussi l'auteur n'en fait-il point mention. Il la considère sans doute comme la suite d'une irritation locale plus ou moins étendue, à laquelle on peut attribuer la production des phéno mènes fébriles. C'est l'opinion assez généralement reçue aujourd'hui.

Avant d'entrer dans aucun détail sur cette maladie, il est nécessaire de faire connaître l'état du pouls propre à l'animal jouissant d'une parfaite santé et parvenu à son entière croissance; car il varie suivant l'âge et le tempérament. Dans le chien adulte et d'une force ordinaire, on compte quatre-vingts pulsations par minute, et jusqu'à quatre-vingt-dix-sept lorsqu'il est jeune et d'un tempérament vif et sanguin. Lorsqu'il est vieux et d'un tempérament lâche, cette quantité est beaucoup moins considérable; elle diminue insensiblement jusqu'à la mort de vieillesse. Ainsi, pour s'assurer de l'existence de la fièvre ou de son degré d'intensité, on tâte le chien des deux côtés vis-à-vis du cœur ou à l'artère fémorale placée en dedans de la cuisse : la vélocité et la force des battemens en feront juger; mais à ces signes particuliers il faut en ajouter de généraux, tels qu'une respiration plus ou moins laborieuse, plus ou moins fréquente, le battement du flanc, la tristesse, le bout du nez chaud et sec, la tête basse, la rougeur des yeux, la perte de l'appétit, la sécheresse de la langue, la gueule blanche et livide, et enfin l'haletement.

Si l'on reconnaît que la fièvre a son principe dans l'inflammation des poumons, de l'estomac, des intestins, etc., auquel cas elle prend le nom de fièvre inflammatoire, bilieuse, etc., on doit la guérir en combattant la maladie principale qui en est la cause; mais si elle paraît ne dépendre ni d'une inflammation, ni d'une lésion organique quelconque, ou si elle accompagne l'un ou l'autre de ces états morbides sans en être l'effet nécessaire, le symptôme inévitable, on l'appelle fièvre simple. Les principes les plus fréquens de celle-ci sont les exercices outrés, la trop grande quantité de nourriture succulente ou échauffante, le long séjour dans des endroits bas, humides et mal aérés, et la suppression de la transpiration insensible (1).

On commencera le traitement par une saignée. Si le lendemain la fièvre continue, il faut saigner l'animal une seconde fois, lui administrer des lavemens faits avec de l'eau et du son, et lui en donner au moins deux fois par jour pour le rafraîchir; il faut aussi le tenir à la diète et lui donner pour boisson du lait coupé ou de l'eau tiède, dans laquelle on fait fondre deux cuillerées de miel et que l'on blanchit avec la farine d'orge. Lorsque la fièvre est tombée, on donne au chien une médecine de manne fondue dans du

(1) La maladie appelée *fourbure* est caractérisée par les mêmes symptômes, et reconnait les mêmes causes.

lait, ou d'un gros de sel de Glauber fondu dans une cuillerée d'eau, ou de six gros de nerprun dans de l'eau tiède. Ces doses doivent être augmentées ou diminuées, suivant la grandeur et la force du chien. Lorsque le chien est malade à la suite de courses excessives, la saignée, les bains tièdes, les lavemens émolliens, et ensuite l'usage du lait coupé, le rafraîchiront et le rétabliront promptement, moyennant du repos.

CHAPITRE II.

Des abcès.

Il est difficile de guérir un abcès qui se forme dans le corps du chien, et de savoir en quel endroit il est placé, à moins qu'il ne soit indiqué par une tumeur externe. L'animal ne peut pas dire les sensations qu'il éprouve : c'est donc à sa manière de marcher, à la douleur qu'il manifeste dans telle ou telle partie par la pression, et enfin par les signes commémoratifs, que l'on peut deviner l'accident.

Souvent les abcès proviennent d'une mauvaise disposition du sang, surtout à la suite des affections éruptives de la peau. Dans ce cas, ils se forment sous la peau, et on les nomme *critiques*. Il en survient aussi aux brêmes par l'effet d'un engorgement laiteux. Quelquefois ils sont produits par quelques bourrades, quelques coups de pied ou une chute faite de haut. Ce qu'il y a de mieux à faire quand il arrive quelques unes de ces dernières circonstances, c'est de tâcher de prévenir la formation d'un abcès, en saignant l'animal plusieurs fois, et en lui faisant avaler de l'eau de boule. A l'égard de ceux qui se manifestent par une tumeur apparente, il faut, après avoir coupé le poil au dessus et autour, les frotter deux fois le jour avec une marmelade faite d'une poignée de feuilles de senneçon, que l'on aura fait cuire dans une cuillerée de saindoux, afin d'en obtenir la résolution, ou de les amener à maturité. On peut aussi appliquer des cataplasmes émolliens faits avec de la farine de seigle ou de la mie de pain bien divisée, à laquelle on ajoutera la graine de lin, la pulpe de l'oignon de lis blanc, la pariétaire, toutes les espèces de mauves, les épinards, l'arroche, ou toutes autres herbes émollientes cuites dans de l'eau de racine de guimauve, et on les soutiendra par des bandages et ligatures convenables à la partie sur laquelle l'abcès se manifeste. Si la suppuration est lente à se former, on rendra les cataplasmes plus actifs, afin que l'abcès aboutisse. Le levain de pâte, et surtout la pâte de seigle, la graine de moutarde réduite en poudre, et incorporée avec la fiente de pigeon ou de vache, produiront de bons effets.

On peut encore employer utilement des substances gommo-résineuses, telles que la gomme ammoniaque, le bdellium, le sagapenum, mises en solution par le vin, et unies aux oignons cuits sous la cendre, aux savons, etc., etc.

Quand la tumeur cède sous le doigt, on l'ouvre avec le bistouri, en faisant une ouverture assez grande pour que le pus s'écoule facilement. On emploie, si l'on veut, le cautère actuel, ou le feu au moyen de pointes de fer qu'on fait chauffer à blanc, et qu'on introduit dans cet état jusque dans le foyer de l'abcès, à travers les parties qui l'empêchent de se faire jour au dehors. On préférera ce dernier moyen, lorsqu'on voudra donner un libre écoulement au pus, lorsqu'on craindra que la plaie ne se referme trop vite, et surtout lorsque l'animal est faible, et que le travail suppuratoire aura eu de la peine à s'établir.

Lorsque l'abcès se forme aux endroits chargés de graisse, ou sous de gros muscles, ou sous de fortes membranes, les maturatifs dont on vient de parler seront insuffisans pour attirer la suppuration au dehors. Si on n'emploie des moyens plus prompts, plus efficaces, le pus fait des fusées, s'ouvre des routes dans le tissu cellulaire, y établit des clapiers, et les progrès du mal augmentent visiblement chaque jour. L'art fournit une puissante ressource dans le premier moyen ; il sera donc urgent d'y avoir recours aussitôt que l'on connaîtra le véritable siége du mal.

Après l'ouverture de l'abcès, on fera écouler le pus en pressant légèrement sur les deux côtés des lèvres de la plaie, on essuiera l'ulcère avec de la filasse bien douce et très propre, jusqu'à ce qu'il soit desséché convenablement ; on garnira ensuite la cavité de l'ulcère avec des bourdonnets ou plumasseaux de la même filasse, douce, fine et mollette. Ces plumasseaux, absorbant le pus à mesure qu'il se forme, l'empêcheront de nuire aux parties voisines. On appliquera par dessus d'autres plumasseaux épais, trempés dans une décoction de plantes vulnéraires, on les tiendra assujétis par un bandage convenable, et on aura soin de les humecter plusieurs fois par jour sans déranger l'appareil. On pansera l'animal seulement une fois par jour; on nettoiera bien la plaie avec la décoction vulnéraire après avoir enlevé les bourdonnets, et on la laissera le moins possible exposée à l'action de l'air. A mesure que le fond de l'ulcère se rétrécit, il faut diminuer le volume des bourdonnets, et, dans aucun cas, ne forcer pour les faire entrer, ni en employer de trop gros, parce qu'ils soulèveraient et tirailleraient trop les chairs. S'il survient des chairs baveuses sur les bords de la plaie, on les touchera avec le vitriol ou la pierre infernale, et on pansera avec des poudres stimulantes, telles que celle de quinquina, ou avec des liqueurs jouissant de la même propriété, telle que l'eau-de-vie. Si, au contraire, les bords de la plaie sont trop enflammés, on emploiera les décoctions de plantes émollientes, et même on recommencera les cataplasmes émolliens.

On se sert communément, pour le pansement des ulcères, d'onguens digestifs composés d'un mélange égal de térébenthine, de jaune d'œuf cru et de miel étendu sur de la charpie ou filasse, et introduit dans la plaie. Mais la méthode curative qui vient d'être indiquée est plus simple, et procure le même succès.

Il se forme aussi très souvent des tumeurs indolentes dans le tissu de la peau, ou dans le tissu cellulaire sous-cutané; elles se développent et s'accroissent sans exciter ni douleur, ni inflammation. Elles sont connues sous le nom de *loupes;* elles sont ou graisseuses, ou de matières de différentes natures, soit comme la bouillie, soit comme la matière du squirrhe, soit simplement comme une sérosité. Pour y remédier, on tâche de les amener à suppuration, en frottant souvent la partie affectée, après en avoir rasé le poil, avec l'onguent de populéum, d'althéa et de basilicum en égale quantité, et en y appliquant des emplâtres de savon ou de ciguë, renouvelés tous les deux ou trois jours; mais le moyen le plus simple, le plus prompt, et dont le succès est plus certain, est l'amputation. L'opération consiste à enlever la loupe de dessus les parties auxquelles elle adhère, en ménageant la peau autant qu'il est possible, afin de rendre la cicatrisation plus facile et plus prompte; on panse la plaie alors comme une plaie simple.

Quant aux engorgemens laiteux, ils ne causent pas toujours des abcès qu'on amène à suppuration; mais ils se terminent souvent par induration, et dégénèrent en squirrhe; les tumeurs augmentent de volume petit à petit, sans que l'animal paraisse beaucoup souffrir, si ce n'est de la gêne que le volume de la tumeur occasionne : rarement elles dégénèrent en cancer. Le moyen de prévenir l'augmentation de la tumeur, ou sa dégénérescence en cancer, est de l'enlever avec le bistouri, après avoir toutefois essayé tous les moyens possibles d'en obtenir la résolution. L'hémorragie n'est point à craindre, et l'animal, en se léchant fréquemment, amène bientôt la plaie à la cicatrisation.

CHAPITRE III.

De l'inflammation des glandes parotides.

Quand ces glandes s'enflamment et adhèrent, elles prennent le nom d'avives. L'animal alors a la tête pesante, les yeux et les vaisseaux extérieurs de la tête gonflés; il donne des marques de douleur si on touche à ces glandes; le mal s'étant accru, l'animal s'agite, se couche, reste souvent assoupi; le pouls augmente en fréquence et en plénitude; l'enflure de la tête et le gonflement des vaisseaux deviennent plus considérables; il survient même des convulsions et la mort.

Les causes des avives sont les contusions, les blessures des parotides, une exposition trop longue aux ardeurs du soleil, un exercice trop violent, un froid subit après une grande chaleur.

L'inflammation des parotides a les effets de l'apoplexie sanguine. Quand on sera sûr qu'un chien a des avives, il faudra lui tirer du sang à plusieurs reprises, et lui donner deux lavemens par jour, dont un purgatif et un émollient, et on placera un séton au cou.

On cherchera à faire résoudre les parotides en y appliquant des étoupes trempées dans du vinaigre saturé de sel marin, ou de sel de saturne. Ce moyen ne réussissant pas, on tâchera d'amener les glandes à suppuration par des cataplasmes de mie de pain et de lait.

Lorsque l'inflammation est la suite d'une blessure ou d'une contusion, les spiritueux, les résolutifs, et même les répercussifs conviennent; mais il faut employer les émolliens et les mucilagineux, si l'inflammation est due à quelque dépôt.

On extirpera la parotide dans le cas où elle deviendrait assez considérable pour faire craindre que l'animal n'en mourût ; mais cette opération est délicate, et demande des précautions pour ne point intéresser le conduit salivaire, ni la veine jugulaire.

Enfin, la parotide quelquefois se termine par la suppuration ; dès qu'on sent par la fluctuation qu'elle contient du pus, on doit l'ouvrir, et panser avec le digestif recommandé pour les abcès.

CHAPITRE IV.

De l'esquinancie ou étranguillon.

Le chien est, comme l'homme, sujet à des maux de gorge inflammatoires et catarrheux. Dans l'homme, on les appelle *esquinancie*, dans les animaux, on les nomme *étranguillon*, parce que ces maux causent une suffocation, un étranglement.

Le siége de cette maladie est dans les glandes amygdales, comme celui des avives est dans les glandes parotides. Elles sont quelquefois si engorgées, que l'animal ne peut plus respirer.

Il n'est pas facile de deviner la cause

de cette maladie. Elle dépend ou des variations de l'air ou d'une eau bue trop crue, quand l'animal est très-échauffé, ou de quelque corps âcre et irritant, et plus encore d'une disposition de l'animal qui le rend susceptible de l'effet des impressions étrangères.

A l'état du pouls, à la constitution pléthorique de l'animal, à la rougeur de ses yeux et à la chaleur de sa gueule, on s'aperçoit que l'étranguillon est inflammatoire. Dans ce cas, on emploie quelques saignées, des fomentations émollientes sous le gosier. Si ce moyen est insuffisant, on a recours à la *bronchotomie* (1), opération délicate qui exige des connaissances et de l'adresse.

L'étranguillon catarrheux donne bien aussi de la fièvre et gêne la respiration; mais l'animal n'a ni autant de chaleur,

(1) Opération qui consiste à inciser la partie antérieure du cou, et à ouvrir les voies aériennes.

ni les yeux et la gueule aussi vermeils que dans le premier cas. On peut saigner aussi pour opérer une détente et faciliter le dégorgement ; mais on saigne une fois ou deux tout au plus. On applique sous la gorge une peau ou de la laine d'agneau, ou un sachet rempli de cendre de bois. La suie de cheminée formerait aussi un très bon topique, en l'aspergeant d'alcali volatil. On pourrait la remplacer par des fomentations d'urine. On fait vomir l'animal, puis on le purge, et l'on en vient, si le tout échoue, à *la bronchotomie*.

Souvent la suppuration des amygdales termine l'étranguillon. On aide la nature en exposant fréquemment l'animal à la vapeur de l'eau bouillante ou à des fumigations aromatiques.

On doit bien se garder de presser et de froisser les amygdales pour en évacuer plus promptement le pus, comme cela se fait assez communément : c'est une pratique déraisonnable qui entraîne l'inconvénient de prolonger l'inflammation en la renouvelant, au lieu de hâter la guérison.

CHAPITRE V.

De la dyssenterie ou flux de sang.

Cette affection est caractérisée par des déjections plus liquides que dans l'état de santé, peu abondantes, mais fréquentes, visqueuses, sanieuses, mêlées de stries de sang, très fétides; l'anus est chaud, rouge et excorié, le rectum est rouge et chaud : elle présente encore d'autres symptômes plus graves et bien différens; ainsi elle est accompagnée d'une fièvre bien marquée et de la perte de l'appétit; l'animal est triste, a le poil mauvais et cherche à boire. Quelquefois il rend beaucoup de sang clair, et le ventre est sensible au toucher.

La saignée, les décoctions et breuvages mucilagineux, le lait, les lavemens émolliens d'eau de son et de guimauve, sont les remèdes à employer. Au bout d'un certain temps de ce traitement, lorsque les accidens seront calmés, on donnera des lavemens avec de la graisse de mouton ou du suif de chandelle fondu dans du lait ou de l'eau.

CHAPITRE VI.

Des polypes.

Dans les chiennes, les polypes se développent assez souvent sur la membrane muqueuse du vagin et sur celle de l'utérus; ils augmentent sans qu'on s'en aperçoive, jusqu'au moment où ils sortent par la vulve, ou jusqu'à celui où ils laissent suinter une sanie puriforme qui coule par cette ouverture. On parvient quelquefois à les faire disparaître en les amputant, lorsqu'on peut les couper à leur base même, d'un seul coup de bistouri, et en cautérisant l'ouverture des vaisseaux qui laissent échapper trop de sang. Si l'on ne peut atteindre leur base, et qu'on ne fasse qu'en couper une partie, celle qui reste végète avec plus de force qu'auparavant, et a bientôt reproduit les mêmes accidens. (*Dictionnaire d'agriculture.*)

CHAPITRE VII.

De la rétention d'urine.

Il n'est pas nécessaire d'entrer dans de longs détails sur cette incommodité. Si elle est produite par un simple échauffement, l'usage du lait coupé la fera disparaître ; mais s'il y a pissement de sang, et qu'on ait lieu de soupçonner qu'elle provient de quelque coup qui aurait causé l'inflammation de la vessie, alors il faut faire une saignée pour produire un relâchement général dans toute l'économie, mettre le chien aux boissons adoucissantes, dans lesquelles on étend un peu de sel de nitre, et donner des lavemens émolliens tant qu'il subsiste de l'inflammation. Si elle est occasionée par une maladie connue sous le nom de *champignon*, il n'y a pas de ressources : le chien qui en est atteint a une soif inextinguible, de fréquentes envies d'uriner, et n'expulse son urine que goutte à goutte et en petite quantité ; il dépérit chaque jour, et ne tarde pas à succomber.

A l'ouverture du cadavre, on trouve la vessie entièrement vide, ratatinée et pas plus grosse que le pouce. Dans cet état, elle ressemble en effet à un petit champignon, et c'est vraisemblablement de cette ressemblance qu'est venu le nom de la maladie.

CHAPITRE VIII.

Des piqûres.

Les chiens sont exposés à être piqués par des insectes, par des épines, par des instrumens pointus.

La piqûre des abeilles, des guêpes et autres insectes, excite, lorsqu'elle est isolée, une simple enflure locale, qui disparaît au bout de vingt-quatre heures, plus ou moins, selon le lieu où elle a été faite et la grosseur de l'insecte. L'eau fraîche, l'huile, et encore mieux les alcalis, affaiblissent la douleur, et ces derniers empêchent même l'enflure. Les piqûres que le chien se fait en chassant dans le fourré, ou contre les planches où il se trouve des clous, ou de toute autre manière, sont des plaies simples qui se guérissent d'elles-mêmes, ou qui n'ont besoin que d'un traitement peu compliqué, tel que des lotions d'eau de guimauve, quand il y a en même temps inflammation, ou d'eau de savon avec quelques gouttes d'eau-de-vie, s'il n'y a ni chaleur ni rougeur à la peau. Si cependant il reste dans la plaie quelque épine ou écharde, qu'on n'ait pu enlever, il faut faciliter la suppuration par un emplâtre de l'onguent de vieux lard. En voici la recette :

Prenez une livre du plus vieux lard possible, faites-le fondre, mêlez-y une once de térébenthine, de basilicum et un peu de cire neuve, et remuez jusqu'à parfaite consistance. On peut substituer au basilicum et à la cire une once de vert-de-gris et une mesure d'eau-de-vie.

Cet onguent est très bon pour toutes sortes de plaies. On le conserve dans un vase de terre que l'on bouche bien, et il s'améliore en vieillissant.

Quand il résulte un abcès d'une piqûre, on emploie les moyens indiqués à l'article qui en traite.

CHAPITRE IX.

Des morsures d'animaux venimeux.

Les suites de la morsure des vipères sont l'enflure immédiate de la partie, ensuite de tout le membre, de tout le corps, des douleurs atroces dans les articulations, la tuméfaction de la plaie et des parties voisines, et quelquefois la gangrène et la mort.

La morsure des vipères est plus dangereuse, pendant les chaleurs et dans les pays chauds, sur les très jeunes ou très vieux chiens; celle d'une vipère qui n'a pas mordu depuis plusieurs jours menace plus la vie que celle qui a mordu le matin. Il y a des motifs pour croire qu'elle fait plus souvent périr en occasionant l'enflure de la gorge, c'est-à-dire par asphyxie, que par l'effet même du venin, puisque les morsures faites aux extrémités sont plus rarement suivies de la mort que celles faites au tronc.

Les moyens les plus certains d'annuler les effets de la morsure des vipères, sont de brûler la plaie immédiatement après, si on est en mesure de le faire, soit avec un fer chauffé à blanc et introduit à plusieurs reprises au fond de tous ses sinus, soit avec la pierre à cautère, la pierre infernale et autres caustiques actifs, en se servant de ceux qui se trouvent le plus tôt sous la main, de la bassiner avec de l'ammoniaque *affaibli*, avec des décoctions sudorifiques. Si on est en chasse, on versera sur la plaie quelques gouttes d'alcali volatil, si on en est pourvu, et on en fera la ligature avec une ficelle ou tout autre lien, afin d'empêcher l'enflure de se propager. Si l'on n'a pas pu prévenir les accidens, il faudra avoir recours aux lotions d'eau de savon animée d'eau-de-vie, et en faire trois par jour, ou aux antiseptiques, tels que la teinture de quinquina, de camphre et autre. On fera prendre intérieurement des infusions de fleurs de sureau, auxquelles on ajoutera, à chaque gobelet qu'on donnera, trois ou quatre gouttes d'alcali volatil, ou les mêmes remèdes antiseptiques employés extérieurement, et on continuera jusqu'à la diminution de l'enflure. Beaucoup de chasseurs font, en pareil cas, avaler au chien une préparation qu'ils assurent être d'un effet prompt et salutaire. Après avoir pilé dans un mortier des feuilles de plantain qu'ils humectent d'une grande quantité de salive, ils en expriment le jus, et y ajoutent deux tiers d'huile d'olive. Ils en font aussi quelques lotions sur la partie affectée.

Ces mesures peuvent aussi être employées efficacement pour les morsures des chiens enragés.

Quand la plaie suppure, on se conduit comme il a été dit pour les abcès.

Les chiens sont encore exposés à la morsure d'une petite bête semblable à la souris, mais plus petite et à museau plus pointu, nommée *musaraigne* ou *musette* (*sorex araneus*, Linné.) (1). La morsure de ce petit animal est si venimeuse qu'elle fait enfler sur-le-champ la partie attaquée, et que si on n'y porte un prompt remède, le chien en meurt, ou du moins

(1) La musaraigne fait beaucoup de mal aux chiens; elle les attaque ordinairement par la tête, laquelle, en très peu de temps, grossit de près de moitié. Cependant plusieurs auteurs, et Cuvier entre autres, prétendent qu'il n'est pas avéré que la morsure de la musaraigne soit venimeuse.

en souffre beaucoup. Il faut donc le saigner au plus tôt, et s'il survient un abcès, se servir du traitement prescrit en pareil cas.

CHAPITRE X.

Des taies sur l'œil et de l'onglet.

La taie est une tache qui, placée directement devant la cornée transparente, empêche le chien qui en est affecté d'apercevoir les objets qui lui sont opposés. Ce mal vient à la suite d'une inflammation dans cette partie, et n'est que l'effet du défaut de circulation des humeurs dans les petits vaisseaux où elles doivent se répandre.

Il faut se contenter de bassiner l'œil malade avec de l'eau fraîche, sans aucun mélange. Mais si on ne parvient pas, par ce moyen, à diminuer l'obscurcissement causé par la taie, on soufflera dans l'œil, deux fois par jour, de la poudre de tutie, jusqu'à ce qu'il soit clair. Comme cette poudre est fort cuisante, il faut, pendant son premier effet, tenir le chien et l'empêcher de se frotter. On se sert de même, avec succès, du sucre en poudre pour les yeux troubles ou qui auraient été piqués (1).

L'onglet ou l'onglée est une peau membraneuse semi-circulaire qu'on voit à l'angle interne de l'œil. Elle est de temps en temps ramenée sur la cornée transparente, et paraît destinée à la débarrasser des corps étrangers qui peuvent s'y être arrêtés. Dans son état naturel, elle est peu apparente; elle n'est incommode que lorsqu'elle se met à croître et à avancer

(1) L'auteur indique des remèdes à cet égard. *Voyez* chap. XVI, maux d'yeux, pag. 94.

si fort sur l'œil, qu'elle le recouvre quelquefois en partie, empêche la vision, et tient même les paupières écartées quand l'œil est fermé. Les lotions émollientes doivent être employées les premières : si elles ne réussissent pas, on leur substitue les lotions d'eau végéto-minérale fortement étendue d'eau, ou quelques gros de sulfate de zinc dissous dans une grande quantité d'eau; enfin, si ces moyens, long-temps continués, ne réussissent pas, on est réduit à en faire l'extraction. Cette opération s'exécute de la manière suivante : La tête du chien étant bien assujétie, passez le bord d'une pièce de dix sous ou de vingt sous entre l'œil et l'onglet, prenez ensuite une aiguille courbe, enfilée avec de la soie, et passez au travers de l'onglet sur la pièce d'argent (par ce moyen l'œil sera à l'abri de tout danger); en tirant un peu la soie à vous, elle le détache de dessus l'œil ; coupez-le avec de bons ciseaux, en prenant bien garde de blesser les parties environnantes. L'opération finie, bassinez l'œil avec de l'eau fraîche ou de l'eau de rose pendant plusieurs jours, et tenez le chien quelque temps à la diète.

Il n'est pas nécessaire de répéter que cet accident arrive fort souvent aux jeunes chiens, quand ils sont élevés dans des endroits trop frais.

CHAPITRE XI.

Des efforts.

Les efforts sont des extensions forcées des muscles, des tendons et des ligamens des articulations, qui empêchent le mouvement dont les membres sont susceptibles.

Ces extensions peuvent être occasionées par une chute, par un effort que fait l'animal, soit en voulant courir plus vite qu'il ne peut, soit en sautant, et par un accident, comme celui de se frapper contre un arbre, un banc, une porte, etc.

Quand un effort a eu lieu aux épaules

ou à une épaule, et qu'il est récent, on se contentera de frotter la partie malade avec de l'huile de laurier ou avec de l'eau-de-vie camphrée; on saignera et on donnera des lavemens si l'effort a été extrême, et dans tous les cas on laissera le chien en repos. Mais si l'effort est déjà ancien, ce qui fait dire que le chien a les *épaules embarrassées*, quelques auteurs conseillent de saigner, de laisser couler le sang dans un vase, d'y mêler ensuite une demi-once d'huile de pétrole et d'aspic, une once d'huile d'hypéricum et de térébenthine et un peu d'esprit-de-vin, et de frotter la partie en tous sens, en tenant le chien au soleil ou devant un bon feu pour l'en mieux pénétrer, et sécher le poil ensuite. Le lendemain on réveille la charge avec du vinaigre ou de l'eau-de-vie. On donne en même temps beaucoup de repos. Cependant si on s'aperçoit que par l'effet de ce repos la boiterie augmente, on fera chasser le chien, tout boiteux qu'il soit : ce moyen a plusieurs fois suffi pour débrouiller les épaules et le remettre. Les jeunes chiens, et surtout les chiens anglais, sont sujets à se prendre des épaules lorsqu'ils commencent à chasser; mais le repos et quelques frictions faites avec de l'eau-de-vie suffisent ordinairement pour les guérir, sans qu'ils se ressentent de cette incommodité par la suite.

Quand l'effort arrive à la cuisse, et qu'il est violent au point que le jarret touche à terre et que le chien marche dessus, ce qui fait dire qu'*un chien est alongé*, on saignera, surtout s'il y a fièvre, et on fera une charge, comme ci-dessus, pour frotter les muscles et tendons de derrière la cuisse; mais il vaut mieux appliquer des résolutifs aromatiques, tels que la sauge, l'absinthe, la lavande, le romarin, etc., qu'on fait bouillir dans du vieux oing, et dont on fomente le siége du mal trois fois par jour pendant dix minutes ou un quart d'heure chaque fois ; après quoi on fait des frictions avec de l'eau-de-vie camphrée et ammoniacale. Lorsque les parties sont un peu rétablies, on ne se sert plus que d'eau-de-vie.

Quand l'effort se sera fait sur les muscles du plat de la cuisse, ce qu'on appelle *étruffure*, on se servira des moyens précédemment indiqués ; mais comme le chien tient toujours la patte en l'air dans cette sorte d'accident, on fera une petite entaille au-dessous du pied non malade, pour l'obliger à s'appuyer sur la cuisse affectée, et on le promènera de jour à autre. Si, à la première chasse que le chien fera après la guérison, la boiterie reparaît, on le laissera huit jours en repos, et on le fera chasser ensuite, quoique boiteux. Il sera bientôt obligé de se servir de sa quatrième jambe, qui reprendra nourriture, se fortifiera et reviendra à son état naturel.

CHAPITRE XII.

Des molettes dites boutures.

Les molettes sont de petites tumeurs molles, ordinairement indolentes, qui se rencontrent aux articulations, formées par l'accumulation de la synovie dans les capsules articulaires. Elles sont communes aux chiens et aux chevaux.

Les causes les plus ordinaires des molettes sont les grandes fatigues et un repos trop long-temps prolongé. Quand elles sont très anciennes, elles deviennent quelquefois dures, sorte d'accident qui entraîne la cessation des mouvemens des articulations et de ceux des tendons, enfin une forte boiterie incurable.

Le traitement doit être approprié aux causes qui les ont produites. L'exercice modéré convient si elles sont dues à une trop longue inaction ; mais quand elles sont dues à de trop grandes fatigues, il faut, au repos et au régime diététique, joindre des frictions, souvent répétées, avec l'eau-de-vie camphrée, avec le liniment ammoniacal. Si ces secours sont insuffisans, il faut recourir à l'huile vésicatoire, indiquée par l'auteur sous la recette N° 6. Enfin, le dernier moyen à employer est l'application du feu mis en forme de patte d'oie avec deux petits boutons au-dessus du ligament. On secondera son effet par des frictions suppuratives. Si on a lieu de craindre la fièvre par suite de cette opération, on fera une petite saignée, et on donnera des lavemens pendant les premiers jours.

CHAPITRE XIII.

De l'agravé.

L'AGRAVÉ est une maladie qui survient sous les pattes des chiens, après de longues courses sur des terrains caillouteux ou sur la terre ou la neige dont la surface est gelée. C'est une réunion de petites contusions qui sont suivies d'inflammation, de suppuration, et même d'excoriation de la peau calleuse. Cette maladie n'est ordinairement pas dangereuse, et elle se guérit d'elle-même; mais lorsqu'elle entraîne la chute des ongles, elle se prolonge fort long-temps.

On y remédie en mettant les pieds du

chien dans des bains d'eau tiède, dans laquelle on fait infuser des plantes émollientes, ou dans un restreintif composé de six blancs d'œuf, de suie de cheminée, de vinaigre et de sel, ou en les entortillant de cataplasmes de mie de pain, de graine de lin, ou d'un morceau d'étoffe imprégnée d'huile de verre et de laurier. L'onguent indiqué à l'article des piqûres, et recommandé pour les plaies, est encore très utile.

CHAPITRE XIV.

Du chien éventré.

Lorsqu'un chien a reçu une blessure dans le ventre, et que les boyaux en sortent, il faut se hâter de les faire rentrer en prenant toutes les précautions possibles pour ne point les crever, ce qui causerait la mort de l'animal. On commencera donc par le mettre sur le dos ; on lavera soigneusement les boyaux avec de l'eau tiède et un peu d'eau-de-vie, s'ils ont traîné par terre, et après les avoir essuyés doucement avec un linge propre et doux, on les remettra avec ménagement. Si l'ouverture était trop petite pour qu'ils pussent rentrer aisément, on la débriderait avec le bistouri. Les boyaux rentrés, on fait une suture avec une aiguille et du gros fil, et on panse ensuite la plaie avec l'eau de boule, ou mieux d'après les procédés indiqués au titre des *abcès*. Quand il arrive un accident de cette sorte à la chasse, par suite d'un coup d'andouillers de cerf ou de défenses de sanglier, ou de toute autre manière, on enveloppe les boyaux dans une serviette ou mouchoir, on rapporte le chien au logis le plus vite possible, et on le traite comme il vient d'être dit.

S'il survient une hernie à la suite d'un de ces coups ou d'autres blessures, comme coups de corne de vache, du bout d'un bâton ferré, enfin, d'accidens qui intéressent les tégumens et les muscles du basventre, aussitôt qu'elle commencera à paraître, on fera ses efforts pour faire rentrer dans la capacité de l'abdomen les parties déplacées ; pour cela, on renversera l'animal sur le dos ou sur le côté opposé à celui où se trouve la descente, on coupera la peau après l'avoir soulevée avec les doigts en faisant un pli transversal ; on ouvrira les tégumens avec le bistouri, afin de faciliter la rentrée de l'intestin dans le sac herniaire ; après quoi on enfoncera les parties dans le ventre, et on fera de suite un point de suture. On panse la plaie comme plaie ordinaire ; on bande le chien avec un linge, et on lui met un chapelet pour l'empêcher d'y porter la dent. Cette opération demande un artiste éclairé et adroit : quelque incertain qu'en soit le succès, il vaut mieux la tenter que de laisser périr un animal auquel on tient.

Une hernie qui n'est accompagnée ni d'inflammation ni d'étranglement, peut se réduire aisément, soutenue par un bandage assez fort dont on environne le ventre et le dos. L'application d'une pelote, continuée pendant quelques mois, fait disparaître une hernie ventrale commençante.

MANIÈRE

DE DRESSER LES CHIENS DE CHASSE.

—

Bien que l'instruction contenue dans ce chapitre n'ait que des rapports fort indirects avec la matière traitée dans le corps de l'ouvrage, nous avons cru faire plaisir et en même temps être utiles aux chasseurs, à qui cet ouvrage s'adresse plus particulièrement, en la plaçant ici. Nous les prévenons toutefois qu'elle n'est pas le résultat de notre propre expérience; mais que nous l'avons recueillie dans un ancien ouvrage de vénerie, et cela à une époque déjà assez éloignée pour nous en avoir fait oublier le titre. Quoi qu'il en soit, elle nous a paru complète, bien entendue, et susceptible d'être appliquée avec succès dans toutes les circonstances de l'éducation d'un chien. Nous n'y avons fait que de légères corrections.

Quatre races de chiens sont propres à la chasse, le *Braque*, l'*Epagneul*, le *Griffon*, et le *Barbet*. Elles sont les plus intelligentes de toutes, et il n'est point de degré de perfection, dans leur éducation, auquel elles ne soient susceptibles d'atteindre.

Le *Braque* est préférable pour la plaine ; l'*Epagneul* et le *Griffon* pour le bois et le marais ; le *Barbet* et le *Griffon* pour les chasses sur l'eau, où il ne s'agit que d'aller chercher les oiseaux aquatiques tués par le fusil du chasseur.

Comme la première qualité d'un chien, quelle que soit la chasse à laquelle on le destine, est celle de savoir rapporter, c'est par là aussi que doit commencer son éducation ; et comme on peut et doit d'abord le faire en jouant, on s'y prend de bonne heure, c'est-à-dire, vers trois à quatre mois pour les elèves qui sont nés chez soi. Jusque-là, on s'est attaché à se faire connaître et aimer de son chien, en jouant souvent avec lui. En lui apprenant à rapporter, il ne faut pas négliger de se servir des termes convenus, afin qu'il s'habitue à les comprendre pour le moment où il s'agira de faire les choses sérieusement. Il arrive souvent qu'avant l'âge où il faut franchement s'occuper de son éducation, il sait parfaitement rapporter. Au reste, si, arrivé à ce moment, on n'avait pu obtenir assez d'obéissance pour qu'il rapportât bien, il faudrait recourir au collier de force, ainsi que nous le dirons tout-à-l'heure.

Pendant le même temps on peut apprendre au chien à aller à l'eau sans difficulté. Il y a des races qui, dès la première fois, y vont parfaitement, et d'autres qui montrent quelque répugnance; cependant le BRAQUE, qui de tous a le moins de disposition, y va bien aussi, quand on a su l'y habituer progressivement; mais à l'arrière-saison, où l'eau est froide, il refuse souvent d'y aller. Il faut bien se garder de rien précipiter, et encore moins de jeter le chien à l'eau, ce qui le rebuterait pour toujours. On le mène sur le bord de l'eau un matin avant de lui avoir donné à déjeuner. On emporte du pain, et, en arrivant, on lui en présente un petit morceau pour lui faire connaître ce que c'est; ensuite on lui en jette sur le bord de l'eau, en lui disant : APPORTE, de façon qu'il n'ait besoin, pour l'atteindre, que de se mouiller les pieds de devant. On jette ainsi des morceaux de pain successivement plus loin, en suivant une progression en rapport avec les dispositions de l'animal. En s'y prenant ainsi, et répétant plusieurs fois cette leçon, il est bien rare qu'on ne réussisse pas en peu de temps. Lorsque le chien va volontiers à l'eau et qu'il sait bien rapporter, il faut, pour lui faire comprendre ce qu'on exige de lui, mettre sur une pièce d'eau un canard auquel on a coupé une aile ; on commande au chien de l'apporter; celui-ci se jette à l'eau et poursuit le canard qui fait tous ses efforts pour échapper, soit en nageant, soit en plongeant; enfin, après avoir laissé durer quelques instans cet exercice, on tue le canard d'un coup de fusil et on le fait rapporter au chien. Cette leçon est essentielle à donner et à répéter plusieurs fois aux chiens que l'on destine à chasser au marais et sur l'eau.

Pendant que l'on s'occupe à donner au chien ces leçons préliminaires, il atteint un an, âge où l'on doit le dresser sérieusement, parce que, plus vieux, cela deviendrait plus difficile. Jusque-là, on n'a fait que le rendre souple et obéissant, en ayant soin de ne lui passer aucune faute, et de ne lui laisser prendre aucune mauvaise habitude. Quoique nous recommandions la douceur, il est des chiens plus difficiles à dresser les uns que les autres, et que par conséquent il faut corriger ; mais ce doit toujours être avec justice, en proportionnant le châtiment à la faute et en punissant sans colère et sans brutalité. C'est, au reste, en étudiant le caractère du chien que l'on connaîtra la manière de s'y prendre pour le dresser, et le besoin où l'on sera d'y mettre plus ou moins de rigueur.

Supposons donc que le chien n'ait pas appris à rapporter ou qu'il ne le sache qu'imparfaitement, voici comme on devra s'y prendre pour le lui enseigner. On met au cou du chien un collier de force.

Le meilleur à employer est celui qui est fait en fort fil de fer, dont les chaînons, en forme de porte-agrafes, ont les deux branches courbées en dedans et aiguisées en pointes. Cette espèce de chaîne est terminée par deux anneaux en fer, et dans lesquels on passe une corde d'une certaine longueur. L'extrémité qui est passée dans les anneaux forme la boucle, de façon qu'en tirant la corde on fait rapprocher les anneaux et serrer le collier, tandis que si l'on ne tire pas, le poids du collier fait écarter la boucle, et les pointes s'éloignent du cou. Ce collier est préférable à celui de cuir dans lequel on implante des clous dont la pointe pénètre à l'intérieur, parce que le cuir, étant fort et double, se sèche et se durcit, ne forme pas bien le cercle, et pique souvent le cou du chien, quand on ne le voudrait pas.

On se sert pour faire rapporter le chien d'un morceau de bois long de six pouces et d'un pouce d'équarrissage dont les angles sont dentelés. Aux deux extrémités, on perce deux trous en croix pour y passer deux chevilles que l'on y fait entrer jusqu'au milieu de leur longueur, de façon qu'elles débordent également de chaque côté. Ce morceau de bois s'appelle *moulinet*, nom qui lui vient de sa forme. Les dents dont ses arêtes sont garnies ont pour but de forcer le chien à ouvrir la gueule et à prendre le moulinet. Quand il lui arrive de faire difficulté pour cela, on le lui frotte légèrement contre les dents. Un autre avantage que cette forme offre encore, est d'habituer le chien à ne pas trop serrer ce qu'il rapporte, habitude bonne à lui faire contracter pour qu'il ne gâte pas le gibier. Quant aux chevilles, elles ont deux objets: le premier, c'est de soutenir un peu le moulinet au-dessus de terre pour que le chien ait plus de facilité à le saisir; le second, pour l'empêcher de le prendre autrement que par le milieu, ce qui accoutume le chien à toujours saisir ainsi le gibier, chose nécessaire, surtout pour le lièvre.

On commence à lui présenter le moulinet, en lui disant : APPORTE. S'il le prend, on le caresse, et on le lui laisse jusqu'à ce qu'on lui dise : DONNE. S'il refuse de le prendre, on lui en frotte légèrement les lèvres et les gencives, jusqu'à ce qu'il ait ouvert la gueule et l'ait pris. Après cela, on le jette devant lui, en lui répétant : APPORTE, et on lui laisse la liberté d'aller le chercher en lui lâchant de la corde. Lorsqu'il l'a ramassé, on lui dit : ICI, A MOI. S'il revient, on lui dit : DONNE. Lorsqu'il refuse d'aller chercher le moulinet, on le conduit auprès, en le tirant à soi avec le collier de force, on lui baisse le nez dessus, en lui répétant : APPORTE, et s'il ne le prend pas de lui-même, on l'y force, comme nous l'avons dit tout-à-l'heure. On répète cette leçon autant de fois que cela est nécessaire pour que le chien l'exécute sans faute, en ayant soin de le caresser chaque fois qu'il fait bien. On ne doit pas souffrir qu'il lâche le moulinet avant qu'on lui ait dit : DONNE, et quand cela lui arrive, il faut le corriger par une saccade du collier de force et le lui faire reprendre.

Quelques chasseurs se contentent de cette manière de rapporter et n'exigent pas autre chose de leur chien, parce qu'ils se baissent pour prendre le gibier qu'il leur rapporte, afin de ne pas les habituer à sauter contre eux. D'autres ne veulent rien prendre de leur chien qu'il ne soit assis sur le cul. Alors, après lui avoir dit : ICI, A MOI, et lorsqu'il est près d'eux, ils lui crient : ASSIS, et les deux ou trois premières fois, on l'aide à se mettre sur le cul, afin qu'il comprenne ce qu'on exige de lui, et lorsqu'il a pris cette position, ils lui disent : DONNE.

D'autres, encore plus exigeans, veulent une manière plus élégante de faire rapporter ; elle consiste à obliger leur chien à se lever sur les pattes de derrière, à tourner le dos à son maître et à lui donner dans cette position ce qu'il rapporte. Quoique nous ne soyons pas d'avis de tourmenter un animal pour exiger de lui des choses difficiles et le plus souvent inutiles, nous allons cependant indiquer la méthode à suivre dans ce cas, pour la satisfaction de ceux qui voudront la mettre en pratique.

Lorsque le chien sait rapporter et s'asseoir et qu'il a pris cette dernière position, on lui fait lever l'avant-train, et en le conduisant avec la main, on lui fait faire demi-tour, de façon qu'il tourne le dos à son maître, et on lui dit : DONNE. A force de lui répéter cette leçon, on parvient, avec de la patience, à lui faire présenter ainsi le moulinet. On doit, comme nous l'avons dit, ne pas permettre que le chien abandonne ce qu'il apporte avant le commandement de DONNE ; mais il faut veiller également à ce qu'il ne retienne pas ce qu'il apporte, ce qui l'habituerait à serrer et à avoir la dent dure. Il faut donc le corriger lorsque cela lui arrive, et l'amener à rapporter un œuf sans le casser.

Il faut ensuite lui apprendre à se coucher à terre sur le ventre, les jambes de derrière ployées sous lui et celles de devant allongées. Pour lui faire prendre cette attitude, on lui crie : A TERRE, d'une voix forte et menaçante. Après avoir habitué le chien à se mettre à terre au commandement, on le lui fait exécuter plusieurs fois en accompagnant les paroles du mouvement de lever les bras, comme si on allait tirer. Peu à peu le chien prend une telle habitude, que le seul mouvement des bras, sans prononcer les mots A TERRE, suffit pour le faire coucher. Cette leçon a pour but de rendre toujours le chasseur maître de son chien. Quête-t-il d'une manière trop vive et trop étourdie, le chasseur, après lui avoir crié : DOUCEMENT, peut le faire coucher à l'instant même, en lui criant : A TERRE. Si le chien n'obéit pas, ces mots répétés avec une intonation plus forte doivent produire sur le chien le plus prompt effet. S'emporte-t-il à courir un lièvre ou une perdrix ou un animal domestique quelconque, tels que les volailles, les moutons, etc., ce même commandement l'arrêtera comme si on lui coupait les jarrets. Il pourra enfin être employé encore, lorsque le chien courra au coup de fusil d'un autre chasseur, habitude que beaucoup de chiens sont susceptibles de contracter. Il faut aussi les premières fois aider l'animal à prendre cette attitude.

Non-seulement on exige que le chien se

couche, mais encore qu'il reste dans cette position jusqu'à ce que son maître lui permette de la quitter en lui disant : A MOI. Ainsi, après lui avoir crié : A TERRE, on s'éloigne de lui à une distance plus ou moins grande, sans permettre qu'il fasse aucun mouvement qu'après lui avoir dit : A MOI. Le chasseur trouvera donc encore dans cette leçon le moyen de se débarrasser de son chien pour un instant qu'il voudra employer à reconnaître quelque chose, et où l'ardeur de l'animal pourrait lui être nuisible.

Il y a des chiens qui forment naturellement l'arrêt, et d'autres à qui on a assez de peine à l'apprendre. Pour y parvenir, il faut répéter souvent la leçon du TOUT BEAU. Voici en quoi elle consiste. Avant même d'en venir à cette leçon, on a pu la lui faire comprendre, si, chaque fois qu'on lui a donné à manger, on a eu soin de lui faire garder sa nourriture, en lui criant : TOUT BEAU , et ne lui permettant d'y toucher qu'après avoir prononcé le mot : PILLE. On parviendra à lui faire faire cela assez facilement ; il suffit , les deux ou trois premières fois , de le retenir par la peau du cou , en lui criant : TOUT BEAU , et de ne le lâcher qu'en prononçant : PILLE.

Ensuite, pour le perfectionner, on lui jette le moulinet et on lui crie : APPORTE ; aussitôt qu'il en approche , on lui crie : TOUT BEAU , et on le retient au moyen du collier de force. Enfin on ne lui permet de le prendre qu'après lui avoir dit : PILLE. On répète cette leçon autant de fois que cela est nécessaire. Lorsque le chien y est bien affermi, on prend un fusil que l'on amorce d'une capsule fulminante, et après lui avoir dit : TOUT BEAU, on fait miné de mettre le moulinet en joue. On tourne autour de l'élève en tenant toujours le moulinet en joue et en agrandissant progressivement le cercle. Cela l'habitue à garder son arrêt malgré les mouvemens que peut faire son maître. Lorsque l'on a fait assez de tours, on fait éclater la capsule en abattant le chien du fusil, et on crie : APPORTE, afin de faire comprendre à l'animal que le coup de fusil doit remplacer le mot PILLE.

Alors, au lieu du moulinet, on se sert d'une pelote de chiffons sur laquelle on a cousu des ailes de perdrix, et ensuite d'une peau de lièvre remplie de foin ou de mousse, et à chaque extrémité de laquelle on a placé une pierre, afin d'habituer le jeune animal au poids du gibier et surtout à le prendre par le milieu du corps, en lui faisant sentir la nécessité de le porter de la manière la plus commode pour ne pas embarrasser sa marche.

Lorsqu'il est bien docile à la leçon du TOUT BEAU, il faut encore lui apprendre à quêter sagement. Après lui avoir jeté au loin la peau du lièvre, on lui dit : APPORTE. Lorsqu'il a marché un peu, on lui crie : HALTE-LA, et on l'arrête brusquement à l'aide du cordeau ; on se rapproche alors de lui, et on le fait repartir en lui disant : DOUCEMENT ; enfin quand il est près de la peau, on lui crie : TOUT BEAU. En répétant cette leçon plusieurs fois, le chien devient docile et sage dans sa quête, il craint de s'emporter de peur d'être arrêté, et il prend l'habitude de ne pas s'abandonner à sa fougue.

Dans cet état, on se procure une perdrix vivante, et on la fait placer dans un pré où on l'attache par les pattes à deux piquets. Tenant le chien avec un cordeau, on le dirigera vers le pré, et dès qu'il aura le sentiment du gibier et qu'il voudra marcher vite, on calmera son ardeur par les mots DOUCEMENT. Lorsqu'il arrivera près de la perdrix, on lui criera : TOUT BEAU. Alors lâchant le cordeau, on tournera autour d'elle et on finira par la prendre et par la lui faire flairer en le caressant. Enfin, après avoir répété plusieurs fois cette manœuvre, on tue la perdrix devant lui d'un coup de fusil, et on lui dit : APPORTE.

Arrivé à ce point d'instruction, le chien est en état d'être conduit en plaine. Pour être plus sûr de sa sagesse, on lui met un cordeau et un collier au cou.

L'époque la plus convenable est le commencement du printemps : c'est celle de la PARIADE. Les perdrix étant appareillées, tiennent davantage, et les couples étant isolés, il en part moins à la fois, ce qui n'étonne pas autant le chien. Comme il est plein d'ardeur, on a assez de peine à le contenir, et c'est alors qu'il faut lui répéter souvent les mots HALTE LA et DOUCEMENT. S'il voulait s'emporter, on crierait fortement : A TERRE, en tirant le cordeau à soi. Si, malgré ce moyen, on n'obtenait pas assez de sagesse, le lendemain on lui mettrait le collier de force, et s'il s'emportait, on le corrigerait un peu ferme par les saccades données à ce collier.

Pour l'accoutumer à barrer devant soi, c'est-à-dire à battre le terrain à droite et à gauche, on a soin quand il marche en avant de faire quelque fois demi-tour, en lui criant : A MOI. Le chien, quand on lui a répété plusieurs fois cette leçon, craint toujours de s'éloigner de son maître; et pour ne jamais le perdre de vue, il s'avance en zig-zag, et apprend insensiblement à battre une plus grande largeur de terrain. Ensuite on lui enseigne à chercher du côté où l'on veut, en le lui désignant avec la main, et il arrive bientôt à quêter convenablement.

Beaucoup de jeunes chiens ont la mauvaise habitude de porter le nez à terre ; c'est le plus souvent le défaut de ceux qui pèchent par l'odorat; chaque fois qu'on s'en aperçoit, on lui crie : HAUT LE NEZ ; ce commandement l'inquiète, il s'agite, va et vient, et il arrive souvent qu'il saisit ainsi le sentiment du gibier. Lorsqu'il a réussi à trouver plusieurs fois le vent, il portera toujours le nez haut. Les perdrix tiennent beaucoup moins devant un chien qui les suit à la piste que devant celui qui les quête à bon vent. Celui-ci d'ailleurs forme toujours ses arrêts de loin, tandis que le chien qui quête le nez bas, s'il parvient à arrêter, le fait presque toujours en touchant pour ainsi dire le gibier.

Le chien bien sûr pour l'arrêt des perdrix arrêtera aussi bientôt le lièvre ; mais comme il est plus difficile de l'empêcher de le poursuivre, il faudra avoir soin d'y veiller et de l'arrêter par le mot A TERRE, et au moyen du cordeau ; et si on ne parvenait pas à le corriger de ce défaut, il faudrait lui faire reprendre le collier de force.

C'est encore par le mot A TERRE qu'on parviendra à le corriger de courir au coup de fusil d'un autre chasseur. Pour cela, on pourra se promener avec un ami, et lorsqu'il tirera, on aura soin de faire coucher son chien. S'il s'emportait, il faudrait lui mettre le collier de force, et répéter cette leçon, en le corrigeant vivement s'il faisait la même faute.

Lorsqu'un jeune chien a contracté l'habitude de poursuivre les volailles et les moutons, et que le commandement A TERRE ne l'arrête pas, on lui met le collier de force et on le conduit près des poules et des moutons. S'il s'emporte, on lui fait sentir fortement le collier, en augmentant la punition de quelque coup de fouet. Après cette leçon, on le conduit en liberté, et s'il n'est pas sage, on recommence la correction jusqu'à ce qu'il ne fasse pas la moindre attention à ces animaux.

Il arrive souvent qu'un jeune chien qu'on conduit en plaine forme de faux arrêts sur les alouettes ; on le corrige aisément de cette habitude en lui criant : HAUT LE NEZ. Si, au lieu de dresser un chien né chez soi, on était obligé d'en acheter un, il faudrait le choisir vif et ardent. A moins que l'on ne connaisse le père et la mère, on devra, avant de l'acheter, le conduire en plaine, pour s'assurer qu'il a de l'odorat. Enfin, si l'on achetait un chien tout dressé, il faudrait que le vendeur lui fît répéter tout ce qu'il sait faire, afin que l'on s'instruise de la méthode qui a été suivie pour le dresser, et que l'on se gouverne en conséquence.

En résumé, l'instruction d'un chien de plaine consiste à le rendre obéissant, à lui apprendre à rapporter à terre et à l'eau, à avoir la dent douce pour ne pas gâter le gibier, à arrêter sûrement, à se coucher, à quèter convenablement, et à ne partir qu'au coup de fusil de son maître, et encore après le commmandement de APPORTE. Quant au chien pour chasser au marais et sur l'eau, il suffit qu'il soit soumis, qu'il sache parfaitement rapporter et qu'il aille à l'eau en toutes saisons. Nous observerons que tous les moyens qui peuvent amener ce résultat sont également bons ; mais que pour qu'un chien s'instruise plus vite et plus sûrement, il faut suivre continuellement le plan d'instruction qu'on s'est tracé, et quand on lui fait répéter une leçon, on a soin de s'y prendre de la même manière que la première fois. Il faut également qu'il ne reçoive de leçons que d'une seule personne.

FIN.

TABLE DES CHAPITRES,

SUIVIE

DE CELLE DE L'APPENDICE.

APPENDICE COMPLÉMENTAIRE.

FIN DE LA TABLE.

www.ingramcontent.com/pod-product-compliance
Ingram Content Group UK Ltd.
Pitfield, Milton Keynes, MK11 3LW, UK
UKHW021134260726
13994UKWH00001B/135